科研论文写作思路

林　童　王红霞　著

科学出版社
北　京

内 容 简 介

本书全面阐述了科学期刊论文及硕士、博士学位论文的写作技巧与方法。内容涵盖学术研究的标准流程、学术论文架构、构思过程、模板制作、案例研讨，以及写作步骤、投稿战术、稿件修改、作者排名等环节，并对学术道德和诚信等关键议题进行了探讨，旨在为理工科研究生提供一个完整的学术写作知识框架。

本书不仅适宜作为科技写作的教材，也非常适合博士后和青年科研人员阅读，能有效提升他们的写作技巧，增强其学术素养。

图书在版编目（CIP）数据

科研论文写作思路 / 林童，王红霞著. -- 北京 : 科学出版社，2025. 3. -- ISBN 978-7-03-081569-9

Ⅰ. G301

中国国家版本馆 CIP 数据核字第 20250LJ746 号

责任编辑：贾 超 郑欣虹 / 责任校对：杜子昂

责任印制：徐晓晨 / 封面设计：东方人华

科学出版社 出版

北京东黄城根北街 16 号

邮政编码：100717

http://www.sciencep.com

北京九州迅驰传媒文化有限公司印刷

科学出版社发行 各地新华书店经销

*

2025 年 3 月第 一 版 开本：720 × 1000 1/16

2025 年 3 月第一次印刷 印张：12

字数：230 000

定价：88.00 元

（如有印装质量问题，我社负责调换）

前　言

在攻读硕士学位期间，我初次尝试撰写科技论文，目标是将自己的实验成果发表在中文期刊上。然而，写作过程中，我遭遇了重重困难，尤其是缺乏写作思路，头脑中一片空白，不知从何下笔，也不知要表达什么。导师建议我，不妨模仿一些我喜欢的科研文献，依葫芦画瓢，写出一个初稿，就像艺术绘画中的临摹。这一经历使我后来在阅读文献时，会特别关注作者的写作方式，以期学习到一些表达和写作的技巧，但效果并不明显。

随着不断从事专业写作和指导学生修改论文，我逐渐获得了一些写作的理解和心得，发现专业写作更像是一种技能，如游泳或武术，仅仅观看是无法学会的，需要反复练习才能达到更高水平。这里要感谢我在求学和工作生涯中各个阶段的老师、领导和同事，他们对我的写作都有不同程度的帮助。同时，也感谢我在论文发表过程中所遇到的匿名审稿人，他们在论文投稿过程中所提出的宝贵建议，不仅指出了论文的缺陷、提出了建设性的问题和建议，还拓展了我的研究思路和视野，提高了我的思辨能力和写作水平。

在我成为研究生导师和团队领导后，经常需要修改团队成员的论文。在修改过程中，我经常遇到写作质量很差的情况，有时感到非常不满，甚至是失望和气愤。我发现许多科研新手和我当初一样，写作内容混乱无序、逻辑不清。有的学生将写作困难归咎于语言问题，因为科技论文多以英文撰写。但当我审视他们所写的中文内容时，发现同样存在写作问题，甚至问题更为严重。这使我意识到，写作的主要问题并不完全源于语言，更重要的是思路。如果思路不清晰，就难以表达清楚！

撰写本书的目的主要是为理科研究生提供基本的科技论文写作思路，帮助他们尽快掌握科技写作的基本原则，从而能够顺利完成学位论文并发表更高水平的科技论文，节省导师们的时间，让他们能够更多地专注于写作的科研质量与创新。

本书的基本框架来源于我与共同作者王红霞教授 2024 年为天津工业大学纺织与工程学院应届研究生所讲授的“专业写作”课程。在内容方面，本书不仅融合了两位作者长期的科技论文写作心得，还结合了经典写作著作的观点和学术期刊对论文的要求，以及一些知名人士的写作经验，旨在使研究生迅速掌握基本的论文写作技巧。由于作者水平有限，本书难免存在一些不足之处，敬请大家给予批评指正。

林 童

2024 年 12 月

目　　录

第一章　科学研究的基本要素

在我们深入探讨专业写作之前，需要对科学研究过程有一个全面的认识。正如学习理科知识需要一定的数学、物理和化学基础一样，熟悉并了解科研过程及其操作方法是撰写高质量科研论文的根本。深入理解科研过程，将有助于研究者更加详尽、清晰地阐述自己的研究发现。本章将对科学研究及其基本过程进行详细的描述和讨论。

科学研究是人类理解自然界和社会现象、解决实际问题和推动社会进步的根本途径。科学研究对人类文明有着深远的影响，通过科学研究，人类不断地探索未知，发现新的科学定律和原理，不断积累的知识成为人类文明发展的基石。科学研究成果的转化推动了新技术、新工艺和新产品的开发，从而提高生产效率，改善生活质量。例如，信息技术、生物技术和新能源技术等领域的突破，都极大地改变了人类的生活方式。

科学研究是推动经济增长的重要驱动力，科技创新催生了新的产业，提高了传统产业的竞争力，促进了经济结构的优化升级。同时科学研究有助于解决社会问题，如医疗健康、环境保护、资源利用等，提高社会的整体福祉。例如，疫苗的研发和普及极大地降低了传染病的发病率，提高了人类的健康水平。科学研究也丰富了人类的文化内涵，促进了科学精神和人文精神的融合。科学教育和普及活动提高了公众的科学素养，培养了人们的批判性思维和创新能力。

科学研究不仅扩展了人类对自然界的认识，也加深了人类对自身和宇宙的理解。从宏观的宇宙起源到微观的量子世界，科学研究不断挑战和拓展人类的认知边界。科学研究的进展常常引发伦理和哲学上的讨论，如生命伦理、技术伦理和环境伦理等，这些讨论有助于形成新的价值观和社会规范。总之，人类文明进步离不开科研发展，科学研究不仅为人类社会带来了物质上的丰富和便利，也促进了精神文化的发展和人类自我认知的深化。

在当今世界，科学研究更加注重可持续发展和人类共同的未来，强调科学研究的成果应当惠及全人类，促进全球和平与发展。在全球化的背景下，一个国家的科技实力和创新能力成为其综合国力的重要组成部分。科学研究的发展水平直接关系到国家的国际竞争力和地位。

就过程而言，简单地说，科学研究是一个系统化的探索和发现过程，通常包括以下几个基本阶段：提出问题、文献调研、形成假设、设计实验、数据收集、数据分析、得出结论、发表结果、同行评审、知识传播、反思与迭代等。

第一节　研究问题的识别

普遍认为，科学研究始于问题（scientific research starts with a question）。那么，科学研究中问题是如何产生的呢？这个问题有很多答案，有人认为它依赖于研究者的观察和思考，也有人认为，它是对某一现象或观察的好奇和疑问。普遍认为，科学研究中的问题来自以下几个方面。

（1）**现有文献中的空白或不足**：通过阅读相关领域的文献，研究者可能会发现一些尚未被探讨或者尚未得到充分研究的议题。

（2）**理论与实践之间的差异**：研究者可能会发现理论推导和预测与实际情况存在差异，这种差异可以激发研究问题的产生。

（3）**前期研究的延伸**：基于已有的研究结果，研究者可能会提出进一步的问题，以期深化对该领域的理解。

（4）**实际观察**：研究者通过观察日常生活中或某一事物中存在的现象，可能会发现值得探究的问题。

（5）**政策与市场需求**：政府、企业或市场对某些问题的关注也可能成为研究问题的来源。

（6）**新技术或新方法的应用**：新技术的应用可能会带来新的研究问题。

（7）**个人兴趣与好奇心**：研究者个人的兴趣和好奇心也是研究问题的重要来源。

（8）**社会问题与争议**：社会上的问题或争议可能会激发研究者去探索背后的原因和解决方法。

（9）**研究资助机构的指南**：研究资助机构可能会发布研究指南，提出他们认为重要的研究问题。

（10）**学术交流与合作**：在与同行交流或合作的过程中，研究者可能会发现新的研究问题。

（11）**专家咨询**：专家和研究生导师直接提出的研究问题。

值得强调的是，研究问题的根源通常是多元化和综合性的，一个研究问题的形成往往是多种因素相互作用的结果。不论研究问题是科学问题、哲学问题、伦理问题还是社会问题，它们都涉及对未知领域的探索和对知识的理解。特别是科学问题，它专指那些可以通过科学方法以及严谨的研究设计来进行探索、分析和解答的问题。

科学问题往往包括以下特征：①明确性。科学问题应该是清晰和具体的，以便于能够被准确地界定和研究。②可测试性。科学问题应该是可以通过实验、观察或数据分析等方法来测试的。③可证伪性：根据卡尔·波普尔的原则，一个好的科学问题应该是可证伪的，即存在可能的证据能够证明该问题是错误的。④重要性：科学问题应该是对学术界、社会或特定领域有重要意义的问题。⑤创新性：理想情况下，科学问题应该提出新的视角或对现有知识体系进行补充。

科学研究的问题识别方法通常包括以下几种：①文献调研。通过查阅相关的书籍、学术论文、报告等文献，了解该研究领域的现状和已有的研究成果，从而发现已有研究中未解决的问题或者存在的争议。②专家咨询。与领域内的专家进行交流，可以获取他们对问题的看法和建议，这有助于问题的识别和界定。③数据分析。通过收集和分析现有的数据，研究者可能会发现一些之前未被注意到的问题。数据可以来源于调查、实验、统计记录等。④理论推演。基于已有的理论框架，通过逻辑推理和假设检验，研究者可能会提出一些新的问题。⑤讨论和头脑风暴。与同行或团队成员进行头脑风暴和讨论，从而激发新的想法，帮助识别研究问题。⑥批判性思维。对现有理论和实践进行批判性分析，挑战常规思维，从而发现问题和改进现有解决方案。⑦改变视角。采用跨学科的视角，结合不同领域的理论和方法，可以帮助研究者发现新的研究问题。

在辨识科学研究问题时，研究者通常需要采用多种方法综合评估，以确保问题的完整性和精确性。此外，科学研究的问题应具备一定的研究价值，能够对学术界、产业界或社会产生积极的影响。在识别问题的过程中，研究者还应当秉持科学精神和伦理准则，确保研究工作符合社会伦理价值观和遵守国家法律法规。

以下几个例子中，科学问题的识别主要针对科学研究中现有知识的不一致、实践中的难题、理论的局限性和新的现象及观察。

（1）在气候变化研究中，一个关键问题是理解人类活动如何影响全球气候系统，识别出的问题可能包括大气中温室气体的增加对地球能量平衡的影响、云量变化对辐射平衡的作用，以及海洋循环变化对热量分布的影响等。

（2）在癌症研究中，一个问题识别的例子是理解肿瘤如何从初始的基因突变发展成不可控的癌症，这涉及识别导致癌症发展的关键基因和信号通路，以及这些变化如何导致细胞无限增殖和逃避免疫系统。

（3）在新材料的设计中，一个识别的问题是开发具有特定机械、电子或化学性能的材料，这可能需要识别当前材料设计的限制，以及如何通过改变材料的微观结构或成分来克服这些限制。

（4）在认知心理学中，一个问题识别的例子是理解记忆是如何工作的，以及遗忘的原因，这可能涉及识别不同类型的记忆，如短期记忆和长期记忆，以及它们是如何相互转换的。

（5）在天体物理学中，一个问题识别的例子是理解宇宙的大尺度结构以及星系形成的机制，这可能需要识别星系如何从暗物质晕中形成，以及暗物质和暗能量如何影响宇宙的演化。

问题识别是科学研究的第一步，它帮助研究者确定研究的目标和方向。通过识别现有知识中的空白、矛盾或争议，研究者可以确定一个有意义且具有价值的研究课题，为后续的假设提出、实验设计和数据分析指明方向。这往往需要研究者具备创造性和批判性思维。在识别和定义问题的过程中，可能会提出新的观点、假设或理论，这些都有可能推动科学知识的创新和发展。

新的研究者通过识别和了解前人研究中存在的问题和未解决的问题，可以避免重复劳动，少走弯路，提高研究效率。同时，文献追踪和问题识别可以帮助研究者掌握学科的前沿进展，避免在过时的研究领域中浪费资源。问题识别有助于明确研究的范围和边界，确保研究目标的可操作性，以及研究结果的准确性和可靠性。

一个好的问题可以激发研究者探索未知领域的热情，因为问题识别的过程本身就是一个激发好奇心和学习动力的过程，它可以激励研究者更加积极地投入科学探究。识别当前科学实践中存在的问题，特别是与人类健康、环境保护、技术发展等社会问题密切相关的，对于推动科学成果转化和社会进步具有直接的意义。因此，问题识别在科学研究中起到了至关重要的作用，它是科学探究的起点，是推动科学进步和创新的关键环节。

第二节　提出假设

一旦研究问题得到明确，接下来的步骤是提出合理的假设（论点）。通过构建假设，研究者能够界定所需收集的数据类型、开展的实验或分析工作，以此来验证假设的有效性。在提出假设的过程中，广泛的文献回顾是必不可少的，这有助于掌握领域内现有的研究成果和理论基础，避免不必要的重复工作，并寻找到研究的创新点。采用创新性思维，从多角度和多层面审视问题，将有助于挖掘新的研究课题。

假设的提出通常采用以下步骤：①识别问题。首先需要识别一个具体的科学问题或现象，这个问题应该是明确的、可研究的，并且对于科学界或社会是重要的。②文献调研。在提出假设之前，要查阅相关文献，了解对于该问题已经做了哪些工作，它们与哪些现有的理论相关；了解该领域的现状，可避免重复工作，并为提出假设提供理论基础。③理论构建。基于已有的知识和文献调研结果，研究者开始构建假设。这个假设应该是一个可被测试的命题，它提出了一个预期的关系或模式。④假设的表述。假设应该能被清晰和精确地表述。它通常用一个中间变量（即解释变量，explanatory variable）来连接原因（即自变量，independent variable）和结果（即因变量，dependent variable）。例如，“增加光照强度会提高植物叶子的光合作用速率”，在这个假设中，中间变量是“光照强度”。原因是光照强度的增加，结果是叶子的光合作用速率提高。光照强度是自变量，而光合作用速率是因变量。类似地，大家可以分析一下以下假设，“施加特定浓度的肥料会提高农作物的产量”。⑤逻辑推理。研究者应该使用逻辑推理来论证假设的合理性，这包括理论上的论证、对已知数据的解释等。⑥预实验。在提出假设后，要进行预实验，来探索性地测试假设的可行性，以帮助研究人员调整假设或实验设计。⑦合作与讨论。研究人员可以通过与同行讨论，获得反馈或建议，来改进假设的表述和实验设计。⑧最终假设的形成。一旦经过初步的验证，研究人员即可获得最终假设。

需要说明的是，假设不是真正的理论，它需要通过实验或观察数据来验证，根据实验结果，研究者可能需要对假设进行修正，这是一个迭代的过程，可能需要多次修正和验证。

以下是几个实际的科学问题及其相应的假设的例子。

1. 气候变化与极端天气事件的关系

【假设】　随着全球气候变暖，极端天气事件（如飓风、热浪、洪水等）的频率和强度可能会增加。

2. 植物生长与光照强度之间的关系

【假设】 在一定范围内，增加光照强度会提高植物的光合作用速率，从而促进植物生长。

3. 药物剂量与疗效之间的关系

【假设】 在一定范围内，增加药物剂量将提高治疗效果，但超过一定剂量后，疗效不再显著增加，并可能产生副作用。

4. 饮食习惯与健康状况的关系

【假设】 摄入过多的加工食品和高糖食品与患心血管疾病、肥胖和 2 型糖尿病等健康问题之间存在正相关关系。

5. 生物多样性与生态系统服务的关系

【假设】 生物多样性丰富的生态系统能够提供更稳定的生态系统服务，如水源保护、土壤侵蚀控制和碳固定等。

6. 学习策略与学习成绩的关系

【假设】 采用主动学习和协作学习策略的学生在考试成绩和学习效果上会优于仅采用传统讲授方式学习的学生。

7. 睡眠质量与认知功能的关系

【假设】 睡眠质量不佳会影响第二天的认知功能，包括注意力、记忆力和决策能力。

8. 手机使用与青少年心理健康的关系

【假设】 过度使用手机与青少年心理健康问题（如焦虑、抑郁和社交障碍）之间存在正相关关系。

9. 可再生能源使用与温室气体排放的关系

【假设】　增加可再生能源（如太阳能和风能）的使用将减少对化石燃料的依赖，从而减少温室气体排放。

10. 基因编辑与疾病治疗的关系

【假设】　利用CRISPR-Cas9等基因编辑技术可以精确地修改疾病相关基因，从而为遗传性疾病的治疗提供新的可能性。

提出的假设为研究者指明具体的研究方向，确保了研究的针对性和目的性。通过假设的验证，研究者能够探索解决问题的途径，并为后续的研究工作及实际应用奠定坚实的基础。假设不仅是实验设计的基石，它还决定了实验的具体步骤、条件和范围。成功地验证假设可以为理论框架提供坚实的证据，增强其普遍性和说服力，进而完善和扩充现有的科学理论体系。

假设的构建往往需要跨学科的知识和技能，这促进了不同学科领域之间的交流与合作，催生了综合性的研究团队，从而提升了科研创新能力。经过验证的正确假设能够为实践应用提供科学指导，解决现实世界的问题，推动社会的持续发展和进步。

第三节　收集数据

为了验证这些假设，研究者需要设计实验和研究方法，这个阶段包括确定研究对象、选择合适的研究工具、制订数据收集和分析的计划等。在科学研究过程中，收集数据的方法多种多样，通常取决于研究的领域、目的和可用资源。以下是一些常见的数据收集方法。

【实验法】　在实验室环境中进行对照实验（controlled

experiments），以精确地测试假设，例如使用各种实验仪器和设备来测量物理量和化学性质。

【观察法】 进行田野或自然观察，收集自然环境或社会环境中的数据，例如使用遥感技术和卫星图像来收集大范围的数据。

【生物样本收集】 使用采样设备，如陷阱、网具或采集器等工具，从植物、动物或人体中收集样本，进行生理、遗传或化学分析。

【参与观察】 在特定的社会或自然环境中积极参与并观察，以获取第一手数据，主要用于研究人类行为、社会互动或文化实践。

【文献综述】 搜集和分析现有文献中的数据，以了解研究领域的现状和历史趋势，进行元分析，综合多个研究的结果。

【专家访谈】 与专家进行深入访谈，以获取他们的知识和见解，主要用于行业分析、政策评估和技术研究等。

【问卷调查】 设计问卷并对其进行分发，以收集人们的行为、态度和意见，通过在线或面对面访谈来收集数据。

【数据统计法】 利用现有的统计数据来源，如政府机构、国际组织或数据库，收集和分析历史记录、年鉴和其他出版物中的数据。

【模拟和建模】 利用计算机模拟来生成数据，构建数学模型来预测或解释现象，这在无法直接测量或实验条件难以控制时尤为有用。

【数据挖掘】 从大量数据集中自动提取有用的信息。应用于社交媒体、电子商务网站、传感器数据等。

在收集数据时，需要确保数据的准确性和可靠性，这通常涉及制订详细的收集计划、使用标准化的方法和工具，并对数据进行严格的质量控制。数据的收集和分析是科学研究过程中的关键步骤，它们共同确保了研究结果的有效性和科学性。以下是几个在科学研究过程中收集数据的举例。

（1）环境科学：研究人员想要研究空气质量对附近居民健康的影响，他们在社区中设置空气质量监测仪，收集空气中的颗粒物浓度、二氧化硫水平等数据，并记录下附近医院的呼吸系统疾病就诊率。

（2）心理学：心理学家想要研究不同类型的学习材料对记忆力的影响，他们会让参与者阅读不同类型的文章，然后通过记忆测试来评估参与者的记忆力，收集的数据包括参与者记住的信息数量和准确度。

（3）流行病学：为了研究某种疾病的发生率，研究人员会收集医院就诊记录、死亡证明书和健康调查问卷，这些数据将帮助他们了解疾病的流行趋势和风险因素。

（4）物理学：物理学家想要研究物体的自由落体运动，他们会使用计时器来测量物体从一定高度落下所需的时间，并使用测量仪器来记录物体的质量和速度。

（5）生态学：生态学家想要研究不同植被覆盖区域的水分利用效率，他们会使用土壤水分传感器来测量土壤湿度，并使用气象站来收集温度、湿度和降水量等数据。

（6）经济学：经济学家想要研究不同税收政策对消费者行为的影响，他们会收集消费者购买记录和税收政策变化的数据，以分析税收政策对消费者支出模式的影响。

（7）遗传学：遗传学家想要研究某个特定基因突变与疾病之间的关系，他们会收集患者的 DNA 样本，使用基因测序技术来分析样本中的基因序列，并将它与健康个体的基因序列进行比较。

（8）社会学：社会学家想要研究社会阶层对教育机会的影响，他们会进行问卷调查，收集来自不同社会阶层家庭的学生和教育背景的数据，以分析社会背景对教育机会的影响。

这些例子展示了科学研究中数据收集的多样性，无论研究领域如何，收集数据都是确保研究质量和可靠性的关键步骤。

第四节　分析与解释结果

收集到的数据需要经过仔细的分析，以检验假设的正确性。这可能包括统计学分析、模式识别或其他形式的数据解读，通过对比假设和实验或观察得到的数据，科学家可以确定假设是否成立，从而判断其科学价值，新的问题和现象的发现可能会引发新的研究兴趣，引导科学家进行更深入的探索。

分析结果的过程通常会用到统计学、计算和解释技巧，这些方法帮助研究人员理解数据、验证假设和得出结论。常用的分析方法包括以下几种。

【描述性统计】 使用均值、中位数、标准差、变异系数等来描述数据的中心趋势和离散程度，制作直方图、饼图、箱形图等来可视化数据的分布。

【推断性统计】 应用 t 检验、方差分析（ANOVA）、卡方检验等来测试假设，判断样本数据是否代表总体，以及变量之间是否存在显著关联，使用置信区间和假设检验来估计参数的准确性和不确定性。

【回归分析】 评估一个或多个自变量对因变量的影响，建立预测模型，进行多元回归分析来控制变量之间的相互作用。

【因子分析】 识别数据中的潜在因子，减少数据的维度，同时保留最重要的信息，因子分析主要用于数据降维和理解变量之间的关系。

【聚类分析】 使用层次聚类、K 均值聚类等方法，根据样本特征的相似性将其分组，用于发现数据中的模式或集群。

【主成分分析（principal component analysis，PCA）】提取数据中的主要变量，降低数据的维度，同时保留最重要的信息，用于数据降维和发现数据中的主要趋势。

【机器学习】 应用各种机器学习算法（如决策树、随机森林、支持向量机、神经网络）来建立预测或分类模型，主要用于模式识别、预测和数据挖掘等。

【时间序列分析】 应用 ARIMA 模型、季节性分解等方法，分析数据随时间的变化规律，用于预测和控制时间依赖的过程。

【空间分析】 分析数据的空间模式和关系，用于地理信息系统（geographical information system，GIS）和空间统计，主要用于理解地理位置和空间分布对现象的影响。

【网络分析】 分析数据中的关系和网络结构，用于社交网络分析、生态系统研究等，理解复杂系统的相互作用和结构。

【敏感性分析】 评估模型或结果对输入参数变化的敏感程度，用于理解模型可靠性和确定关键参数。

【贝叶斯统计】 应用贝叶斯定理来更新对未知参数的概率估计，考虑不确定性，用于不确定性分析和决策。

上述方法有各自的适用范围，需要根据研究的目的和数据的特性选择合适的方法，并解释分析结果对科学问题的意义。

分析结果的过程通常涉及一系列的手段和方法，旨在深入理解数据，验证假设，并从中提取有用的信息。如数据清洗，用于去除数据中的错误、重复和无关信息，确保分析的准确性。数据探索，使用统计图表（如直方图、箱形图）和基础统计量（如均值、中位数、标准差）来初步了解数据分布和异常值。假设检验，应用统计测试（如 t 检验、ANOVA、卡方检验）来确定数据是否支持某个科学假设。相关性分析，利用相关系数来评估两个变量之间的线性关系。数据可视化，使用图表和图形来展示数据的结构和模式，帮助解释和传达分析结果。这些步骤和方法可能会根据研究的具体内容和目标而有所不同，但它们共同构成了科学研究过程中的分析框架。通过这些手段，科学家能够从数据中提取有价值的信息，并据此提出新的假设、理论和模型。以下是分析结果的几个例子。

1. 生物医学研究

研究人员对某种药物的疗效进行研究，他们收集了一组患者的数据，包括治疗前后的生理指标和副作用情况，通过统计分析，发现该药物在降低生理指标方面具有显著效果，并且副作用的发生率较低。

2. 环境科学

生态学家研究了森林火灾对生态系统的影响，他们收集了火灾前后森林植被的分布和种类数据，通过空间分析，发现火灾后某些植被种类明显减少，而其他种类则有机会生长。

3. 经济学研究

经济学家研究不同政策对经济增长的影响，他们收集了不同国家和地区的政策数据和国内生产总值（gross domestic product，GDP）增长率数据，通过回归分析，发现某些政策与经济增长有显著的正相关关系。

4. 心理学研究

心理学家研究学习方式对记忆效果的影响，他们让参与者接受不同的学习任务，并记录下他们的记忆测试成绩，通过方差分析，发现特定的学习方式对记忆效果有显著影响。

5. 社会科学研究

社会学家研究社会阶层对教育机会的影响，他们进行问卷调查，收集来自不同社会阶层家庭的学生和教育背景数据，通过交叉表格分析和卡方检验，发现社会背景对教育机会有显著影响。

在数据分析之后，对数据的解释是获得对研究结果相关性和适用性理解的关键步骤。这一过程往往包括以下方面：①审查数据分析结果，包括统计数据、图表、图形和其他形式的结果，检查数据是否可靠，是否存在异常值或错误，并确保分析方法的适当性。②与假设对照，将数据分析的结果与最初的假设或研究问题进行对照，评估数据是否支持或反驳了研究假设，并考虑这些结果是否与现有的理论和文献一致。③寻找数据中的模式和趋势，并尝试理解这些模式和趋势背后的原因，这个过程往往会用到统计方法以确认这些模式和趋势的显著性。④考虑可能影响结果的任何外部因素，如实验设计的问题、未控制变量或潜在的混杂因素，评估这些因素是否可能影响了结果的解释。

整个数据解释过程要求研究人员具有批判性思维，能够客观地评估数据，准确地传达研究结果，这一过程是科学研究不可或缺的一部分，因为它确保了研究的透明度和可重复性。

第五节　得出结论

科学研究结论的得出通常是基于对收集到的数据的分析和解释，以及与现有知识和理论的对比。将研究结果与先前的研究结果、理论模型或标准进行比较，可以评估一致性或差异，分析是否支持研究假设，或者是否需要对假设进行修正。运用批判性思维来评估数据的含义和研究的局限性，识别可能的研究偏差，考察对结果的不同解释。将研究结果与现有的科学理论或框架联系起来，确定研究结果是否可以用现有理论进行解释。发掘研究结果的意义，并讨论它们对理论和实践的贡献。

得出结论标志着研究目标的实现和对研究问题的回答。如果数据支持假设，那么假设可能成为理论的一部分，为现有的理论提供新的证据，或者补充现有理论的不足，拓宽理论边界，更新或完善现有理论或模型，为科学知识体系做出贡献，甚至是为实际应用提供具体指导；如果数据不支持假设，那么可能需要重新评估假设，并进一步研究，为未来的研究指明方向。即使一个研究问题得到了回答，也可能引发新的问题或进一步的研究。在政策研究和经济学领域，结论可以为决策者提供重要的信息，支持他们在复杂问题上的决策。

结论的陈述，应该基于数据分析结果，总结主要发现，形成明确的结论性陈述，并考虑到研究的限制。结论的陈述要求精确、客观和有批判性，以确保研究结果的有效性和可靠性。以下是一些不同学科中的例子。

1. 生物学研究

在一项关于植物生长的研究中，研究者可能提出论点，即特定类型的土壤对植物的生长有积极影响。通过实验，他们发现植物在这种土壤中的生长速度确实更快。结论可能是，这种土壤中的特定养分或微生物对植物生长有促进作用。

2. 医学研究

在一项药物疗效研究中，研究者可能提出论点，即某种新药对于治疗某种疾病有效。通过临床试验，他们发现使用这种药物的患者康复速度更快。结论可能是，这种药物可以作为治疗该疾病的有效手段。

3. 心理学研究

在一项关于学习方法的研究中，研究者可能提出论点，即合作学习比传统课堂学习更有效。通过实验，他们发现合作学习组的成绩更高。结论可能是，合作学习可以作为一种提高学习效果的有效策略。

4. 经济学研究

在一项关于经济增长的研究中，研究者可能提出论点，即投资教育对国家的长期经济增长有积极影响。通过分析不同国家的数据，他们发现教育投资与经济增长之间存在正相关关系。结论可能是，政府应该加大对教育的投资，以促进经济增长。

5. 环境科学研究

在一项关于气候变化对生态系统影响的研究中，研究者可能提出论点，即全球变暖会导致物种分布的改变。通过分析长期生态监测数据，他们发现某些物种的确正在向更温暖的地区迁移。结论可能是，全球变暖对生态系统产生了显著影响，需要采取措施减缓气候变化。

能形成新理论的结论往往具备以下特点：①能与实际观测数据精确吻合；②能解释多样化观测结果；③能独到且充分地解释观测结果；④能产生具体的、可测试的预期；⑤可广泛应用；⑥在多种理论中更为简洁。

下面以达尔文的进化论为例，来说明得出合理理论的特征。达尔文的进化理论包括以下几方面。

（1）共同祖先：所有生物都是由一个或几个共同的祖先进化而来的。

（2）自然选择是进化的主要驱动力：在自然环境中，那些适应环境的个体更有可能生存和繁殖，从而将其有利的遗传特征传递给后代，使有利的特征变得更加普遍。

（3）物种变异：物种内部存在变异，变异可以是遗传的，也可以是由环境引起的。

（4）适者生存：那些最适合其环境的个体更有可能生存下来并繁殖后代。

（5）渐变论：进化是一个缓慢而连续的过程，是通过无数小的、连续的步骤发生的。

（6）物种形成：长时间的进化、变异、累积，导致与原始种群产生了质的区别，即新物种形成。

接下来是对达尔文理论特征的分析：达尔文的理论与化石记录、生物地理分布、比较解剖学和其他领域的实际观测数据相吻合（即与实际观测数据精确吻合）；它能够解释为什么生物体在地球上的分布是不均匀的，为什么不同物种之间存在相似性，以及为什么有些物种会灭绝 （即能独到且充分地解释多样化观测结果）；预测物种的祖先化石应该存在于特定的地质层中，以及物种应该随着时间的推移而发生变化（即能产生具体的、可测试的预期）；该理论不仅适用于生物学，还被广泛应用于农业、医学、生态学和其他科学领域（即可广泛应用）；与之前的特殊创造论相比，进化论提供了一个更为简洁的解释框架，不需要为每个物种的起源和设计特征提出特殊的原因（即多种理论中更为简洁）。

第六节　结果发表与交流

研究结果发表与交流通常是通过学术论文、会议报告或同事之间的非正式交流等形式进行的，它涉及研究成果的分享、验证、传播和应用。发表研究结果可以让同行专家对研究进行评审，提供反馈和建议，有助于验证研究的质量和可靠性。通过发表研究论文，研究者可以建立和提升自己的学术声誉，这是衡量研究者贡献和影响的重要指标。发表的研究成果可以激发新的研究方向和想法，推动学科的发展和创新，促进技术进步和应用，对工业、医学、政策制定等领域产生实际影响。发表的研究成果也可以作为教育材料，用于培养学生的研究能力和批判性思维。

结果的发表可以采用如下形式。

（1）学术会议：研究者在学术会议上展示自己的研究成果，通过口头报告或海报展示的形式与同行交流。

（2）研讨会和工作坊：参加研讨会，与其他研究者讨论研究进展和想法，获取反馈和建议。

（3）学术期刊：提交研究论文至学术期刊，经过同行评审后发表，这是最常见的发表方式，可以确保研究成果的质量。

（4）预印本服务器：将研究成果提交至预印本服务器，如arXiv、bioRxiv等，以供同行浏览和评论。由于在这些服务器上发表的成果尚未经过正式的同行评审，它们正确性有待进一步评估。

（5）学术博客和社交媒体：通过学术博客、社交媒体等平台，分享研究进展和想法，与更广泛的受众交流。

（6）学术报告和讲座：在学术机构或研究组织中进行报告和讲座，分享研究成果和经验。

（7）教科书和专著：将研究成果编写入教科书或专著中，供学生和专业人士学习和参考。

（8）专利申请：对于具有实际应用潜力的研究成果，可以通过专利申请来保护知识产权。

（9）政策报告和技术报告：将研究成果应用于政策制定或技术开发，通过政策报告和技术报告的形式进行交流。

（10）数据共享和开源软件：通过数据共享平台或开源软件项目，分享研究数据和工具，促进研究和协作。

以下是一些不同学科中的实际例子。

1. 学术会议上的报告

一位生物学家在国际生物学会议上发表关于基因编辑技术的新发现，通过这种方式，他与其他生物学家分享研究成果，并接收来自同行的意见和建议。

2. 在期刊发表研究论文

一位物理学家在《自然》杂志上发表关于暗物质探测的研究论文，这篇文章经过同行评审后发表，为整个物理学界提供了新的研究思路和数据。

3. 学术讲座和研讨会分享

一位社会学家在学校举办的学术讲座中分享关于社会结构变化的研究成果，通过这种方式，他向学生和教职工传达研究成果，并鼓励讨论和提问。

4. 预印本服务器的使用

一位计算机科学家将新的算法提交至 arXiv 预印本服务器。这样，其他研究者可以在论文正式发表前查看和评论他的研究成果。

5. 学术博客和社交媒体

一位环境科学家通过个人学术博客分享关于气候变化的研究进展。此外，他还在社交媒体上发布相关内容，以提高公众对气候变化问题的认识。

6. 教科书和专著的编写

一位化学教授将最新的研究成果编写入教科书，为学生提供最新的科学知识。同时，他还可以在专著中详细阐述研究领域的最新进展。

7. 专利申请和转让

一位医学研究者发现了一种新的治疗方法，并将该方法申请为专利。随后，他将专利转让给一家制药公司，以便将该治疗方法转化为实际应用。

8. 数据共享和开源软件的使用

一位天文学家通过天文数据共享平台发布观测数据，供其他研究者使用。此外，他还参与开发一款开源天文学软件，以帮助其他研究者分析天文数据。

通过这些方式，研究者可以分享研究成果，获取反馈和建议，与其他同行建立联系，提高研究的知名度和影响力，促进科学知识的传播和学科的发展。

在学术出版过程中，研究成果的发表需要经过同行评审，这是一种确保研究质量、可靠性和有效性的重要机制。同行评审通常是由领域内的其他专家匿名进行的，旨在提供客观、公正的反馈，帮助作者改进论文，同时确保只有符合学术标准的研究成果得以发表。然而，在学术出版过程中，也出现了一些不正当手段，如串通审稿人，来提高自己论文被接受的可能性。这种做法是完全错误的，它破坏了学术诚信和同行评审的公正性，带来了一系列的危害。

学术诚信是科研工作的基石。通过不正当手段发表的文章可能会误导其他研究者，浪费科研资源，并损害整个学术界的信任。采用不正当手段发表的文章可能会降低期刊的整体质量，影响期刊的声誉和影响力。对于遵循规则的研究人员来说，不正当手段的使用造成了不公平的竞争环境，损害了那些遵循正确程序的研究者的利益。同时，发表有错误或质量低下的研究结果，可能会对公众健康、政策制定或商业决策产生误导。

国内外学术界都非常重视科研诚信问题，相关部门和机构不断加强对科研不端行为的监管和惩处力度，以维护良好的学术环境。科研人员应当遵守学术规范和伦理，以负责任的态度进行科研活动，共同维护学术界的健康发展。

第七节　反思与迭代

科学研究不是一次性的事件，它是一个不断迭代的过程，循环往复，不断改进。每次迭代都建立在之前研究的基础上，旨在提高对研究问题的理解、改进研究方法、深化数据分析或完善理论。在一轮研究进行到解释结果的阶段时，研究人员通过对结果的评估和反思，会识别出潜在的缺陷或局限性。这往往会导致对原有假设或研究方法的修改，在新一轮的实验或数据收集过程中，便可以调整实验设计、改变数据收集方式或采用新的分析技术。这个过程可能会重复多次，每次迭代都旨在提高研究的质量和深度，通过这种持续的学习和改进，对研究问题的理解会逐步深化，研究的有效性和可靠性也会提高。让我们以开发一种新抗生素为例，来详细说明科研的迭代过程。

第一阶段：提出问题和假设。

研究问题：开发一种能够有效抵抗抗生素耐药性的新型抗生素。

假设：特定化合物 *X* 可能具有抑制耐药细菌生长的潜力。

第二阶段：设计和进行实验。

设计实验：在实验室中对化合物 X 进行细菌生长抑制测试。

实验操作：将不同浓度的化合物 X 应用于多种耐药细菌株，观察它对细菌生长的影响。

第三阶段：分析数据。

数据收集：记录不同浓度下细菌生长的情况。

分析方法：使用统计软件分析数据，确定化合物 X 是否在不同浓度下显示出剂量依赖性的抗菌效果。

第四阶段：解释结果。

结果发现：化合物 X 在较高浓度下显示出对某些耐药细菌株的抑制作用。

解释：化合物 X 可能通过干扰细菌的特定代谢途径来抑制其生长。

第五阶段：评估和反思。

评估：实验结果显示化合物 X 有潜力，但作用范围有限，且在高浓度下可能有毒副作用。

反思：需要改进化合物 X 的结构以提高其效力和安全性，或者探索与其他抗生素的联合使用。

第六阶段：修改假设和方法。

修改假设：假设化合物 X 的衍生物或类似物可能具有更好的抗菌效果和较低的毒性。

改进方法：设计新的化合物并进行结构优化，以增强它针对耐药细菌的活性。

第七阶段：重复实验和分析。

新实验：对改进后的化合物进行新一轮的抗菌测试。

数据分析：收集新的实验数据，并使用更先进的分析技术来评估化合物的效果。

第八阶段：撰写和发表。

研究报告：撰写详细的实验方法和结果，讨论化合物的潜力及其改进过程。

发表：将研究报告提交给同行评审的学术期刊。

第九阶段：交流和同行反馈。

反馈：同行评审提供有关实验设计、化合物优化和数据分析的建议。

进一步研究：根据反馈，研究人员可能需要进行额外的实验，以进一步验证化合物的效果和安全性。

注意，第五至第七阶段可能会多次重复，每次迭代都会基于新的发现和反馈来改进化合物的设计，通过不断的实验、分析和优化，研究人员希望最终能够开发出一种有效且安全的抗生素，以应对日益严重的抗生素耐药性问题。

在科研迭代过程中，同行反馈是一个宝贵的资源，它可以帮助研究人员改进研究设计、分析方法、结果解释和报告撰写。研究人员通过同行评审、学术会议、研讨会或与同事的日常交流获得反馈，这些反馈可能涉及研究的各个方面，包括方法论、数据分析、结果解释、论文结构和写作风格等。研究人员需要仔细评估每一条反馈，判断它是否有价值，以及是否与研究的目标和方向相符。评估反馈时，应保持开放和客观的态度，避免因个人情感而忽视重要的批评。

在分析反馈时，可以按主题或研究阶段分类，例如实验设计、数据分析、论文撰写等，这样可以帮助研究人员更好地理解哪些方面需要改进，并优先处理。研究团队应该讨论反馈内容，共同决定如何应对每一条建议，反思研究过程中可能存在的问题，以及如何调整研究方法或分析技术。根据反馈，制订一个详细的行动计划，包括需要进行的实验、分析或论文修改。根据行动计划，进行必要的实验、数据分析和论文修改。在应用反馈并进行改进后，研究人员可能需要重新提交论文进行同行评审，或者在学术会议上再次介绍研究成果，从而提高研究的质量、可靠性和影响力。

第八节 科研与应用的循环

发现问题、进行科学研究、发表和交流成果，以及应用是科研过程中相互关联的几个关键环节，它们共同构成了科学发展与应用的完整链条。问题是科学研究的起点，它可以来源于观察、实验、理论的不一致或社会实践中的需求。问题的发现通常需要对现有知识的不满或对未知领域的好奇心。问题的识别和提出为科学研究提供了方向和动力。科学研究是对提出的问题进行系统性探究的过程，包括设计实验、收集数据、分析结果和提出结论，旨在通过科学方法来测试假设、验证理论或解决实际问题，研究的质量和深度直接影响成果的有效性和可靠性。研究成果的发表和交流是将科学发现分享给更广泛的学术社群和社会的重要步骤，通过学术期刊、会议论文或研究报告等发表形式，以及研讨会、讲座或网络平台等交流形式，获得同行评审，建立共识，促进进一步的研究。无论是通过增进知识、解决实际问题，还是促进技术进步，科学研究的最终目的是服务于社会，而成果的应用收益反过来可以激发新的研究问题，形成一个良性循环。

在科学研究中，问题的发现、科学研究、成果的发表和交流，以及实际应用之间具有相互促进的关系。问题的发现激发了科学研究的需求，科学研究解决了问题，产生了新的知识和理解，成果的发表与交流促进了知识的传播和学术界的合作，同时也验证和扩展研究成果，应用收益实现了科学研究的实际价值，同时也可能揭示新的问题，推动科学知识的不断进步。以下是各个方面的相互作用。

【问题的发现与科学研究】 问题的发现为科学研究提供了方向和动力，科学研究解决这些具体的问题或验证假设。科学研究有助于深入理解问题的本质，也有助于提出新的问题，这种不断探索和发现的过程，推动着科学知识的边界向前发展。

【科学研究与成果的发表和交流】 科学研究需要通过成果的发表和交流来验证其有效性和可靠性，同行评审过程能够提供专业的反馈，帮助研究人员改进研究方法和结果解释。发表和交流还促进了科学社群内的知识分享和合作，有助于建立共识，推动科学研究的进一步发展。

【成果的发表和交流与实际应用】 成果的发表和交流使得科研成果为更广泛的受众所知，这有助于将科学知识转化为实际应用。成果的发表和交流后，实际应用是检验其价值和可行性的关键步骤。只有当研究成果在实际应用中得到验证，才能真正体现其价值。研究成果的发表和交流可以为实际应用提供指导和启示。反过来，实际应用中的需求和挑战也可以通过发表和交流反馈给科学界，从而指导未来的研究方向。在实际应用过程中，可能会发现研究成果的不足之处，这促使研究人员对现有成果进行改进和创新。这种反馈循环有助于研究的持续发展。同时，发表和交流促进成果的跨领域应用，促进不同领域之间的交流和合作。成果的实际应用不仅可以解决具体问题，还可以产生广泛的社会和经济影响。这进一步提高了成果的知名度和影响力，促进更多的发表和交流。

【实际应用与问题的发现】 实际应用中的新挑战和需求往往能够揭示新的科学问题。在将科学研究成果应用于实际问题解决的过程中，常常会遇到新的挑战和限制，这些挑战可能是因为现有的技术或理论不足以应对复杂多变的实际情况，存在尚未解决的新问题。实际应用需求，往往会遇到理论未曾预料的情况，因此挑战理论的适用性，影响科学研究的发展方向。例如，对可持续能源的需求推动了新能源技术的研究，对健康问题的关注促进了医学和生物学的发展。

【实际应用与研究】 实际应用检验了理论和技术成果的适用性、可行性和有效性。当技术或理论无法完全满足实际应用的需求时，会激发进一步的研究需求，来寻找新的解决方案，从而推动研究的进行。反过来，研究为实际应用提供理论和技术支持。因此，实际应用推动研究的迭代和改进，这种迭代过程有助于研究的持续发展。此外，研究为实际应用创造新的机遇，新的理论、方法和技术，为实际应用提供更多的可能性，甚至会开辟新的应用领域，促进研究的跨学科融合，有助于研究活动的深入开展，促进创新和突破。

【问题与发表和交流】 发表和交流促进问题的识别。在研究过程中，通过阅读已发表的文献、参加学术会议和研讨会，研究人员可以了解当前研究领域中的热点问题和知识空白。这些活动有助于研究人员识别和提出新的研究问题。发表和交流验证问题的价值，当研究人员将他们的研究成果发表和交流时，同行评审过程和学术界的反馈有助于验证研究问题的价值和重要性，以及对学术界和实践界具有的意义。发表和交流可以促进研究人员之间的合作和知识共享，有助于解决研究问题。此外，发表和交流揭示新的问题，在研究成果的发表和交流过程中，其他研究人员可能会提出新的问题或挑战现有理论和方法。这种学术辩论和讨论有助于揭示新的研究方向和问题。因此，发表和交流提高了问题的可见度，引起更多研究者的关注，吸引更多的研究资源和合作机会，推动问题的深入研究。

通过上述这些相互作用，科学研究的各个环节形成了一个动态的、不断进化的系统。这种相互作用是科学知识不断进步和创新的驱动力。

第九节　科研创新的层次

科研创新常常分为不同的层次，如理论原理的创新、方法创新、材料创新和工艺创新等（图 1-1）。理论原理创新是创新的最高层次，涉及对现有理论的挑战和重构。例如，爱因斯坦的相对论是对牛顿力学原理的扩展和修正。方法创新往往是在理论指导下进行的，针对解决问题方法的开发。例如，量子计算方法的创新，为解决传统计算机难以解决的问题提供了新途径。材料创新往往是在一定的理论指导之下，用一定的方法制造出来的，它涉及新材料的发现或现有材料的改性。例如，石墨烯的发现。工艺创新，是对生产、制造或加工方法的创新。例如，3D 打印技术的创新，它允许复杂结构的快速制造，改变了传统的生产模式。

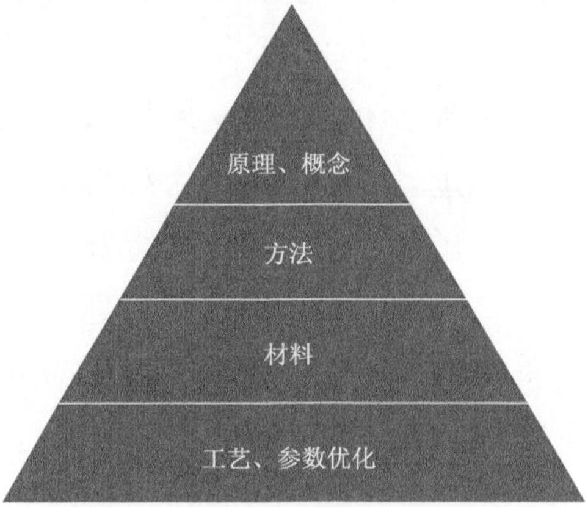

图 1-1　科研创新的层次

这四个层次的创新是相互关联的，原理创新为方法创新提供了理论基础，方法创新又可能需要新材料或新工艺来实现。材料创新和工艺创新则可能推动原理和方法的创新，形成一个动态的循环。在实际应用中，这些不同层次的创新可能会跨越多个领域，如科技、工业、艺术等，并且相互影响，共同推动技术和文明的进步。

在英文中有一些用于描述新的词语，如“new”“novel”“innovative”“original”，它们的内涵是有所区别的。

“new”是通用词汇，通常用于描述最近出现或者之前未曾出现的某一事物。在科研中，可用来描述新数据、新实验方法、新的理论等各种事物，多强调时间上的先后。“new”不一定涉及创新性或原创性，也不一定不意味着它具有深刻的科学意义或者实用价值。

“novel”即新颖性，即在某个特定领域或背景下是新的或不常见的。在科研中，“novel”常用于描述研究成果中引入的新概念、新方法或新现象，这些新元素在之前的研究中没有被发现或提出。“novel”并不一定意味着原创性，新颖的想法可能是基于现有知识的重新组合或应用。

“innovative”通常描述对现有知识、技术或产品进行改进或创造性的应用，以产生新的价值，它包括新技术的开发、新产品的设计、新服务的提供或者新流程的创建。“innovative”强调实用性和改进。

“original”是指原创性，即独一无二的，具有独立的思考和创造性。通常要求在理论、方法或者实践上提出前人未曾有过的新观点、新设计或新应用。“original”强调独立的思考、突破性的进展和创造性，而不仅仅是新。

在文章中，一定要用恰当的词语，来描述研究工作的创新程度。对于科研工作来说，“novel”是基本的要求，所有要发表的文章，都应该达到这个创新的水准。

创新性（innovation）与创新点（innovation point）是两个相关但又有所区别的概念。

在科研和学术领域，它们都代表了研究或作品中的独特和突破性的元素，但它们的侧重点和表现形式有所不同。

创新性是指一个研究或作品在整体上对现有知识或技术领域产生的影响。它涉及对现有理论、方法或技术的显著改进或突破。创新性可以体现在多个方面，包括但不限于新的理论框架、新颖的技术手段、独特的实验设计、深入的跨学科整合等。创新性通常是对整个研究或作品的一个宏观评价，它反映了研究的整体贡献和影响力。

创新点是指在研究或作品中具体体现创新性的某个方面或细节。它可能是研究中一个独特的设计、一个关键的发现、一个独特的分析方法、一个新颖的应用等。创新点通常是研究或作品中最为突出的部分，是创新性的具体体现。创新点可以是一个，也可以是多个，它们共同构成了创新性。

第十节　创新性的评估

在科研写作和学术评价中，创新性和创新点都是评价研究或作品价值的重要标准。创新性的评价可以从独特性、合理性和价值三个方面进行考量。

独特性（uniqueness）是指研究或作品在内容、方法、理论或应用上与现有研究或作品的显著不同。独特性是创新性的基础，没有独特性就难以称得上创新。独特性可以是全新的发现、前所未有的视角、原创的方法或技术等。

合理性（rationality）是指研究或作品的逻辑性和科学性。创新性不仅需要独特性，还需要在逻辑上和科学上站得住脚。创新点需要有充分的理论支撑和实验验证，确保其合理性和可重复性。

价值（value）是指研究或作品对科学、技术、社会或经济等领域产生的积极影响。创新性的价值可以是理论上的、实践上的或应用上的。价值可以是短期的，也可以是长期的，它反映了创新性的实际意义和潜在影响。

在实际评价中，这三个方面通常是相互关联的。独特性是创新性的前提，合理性是创新性的保障，而价值则是创新性的最终目标。评价一个研究或作品是否具有创新性时，需要综合考虑这三个方面。

但这种考评方式并不是唯一的，创新性的考评方式可以多样化，取决于评价的目的、领域和标准。以下是一些其他的考评方式。

（1）同行评审（peer review）：在学术界，同行评审是评价创新性的一个重要方式，评审专家会对研究工作的原创性、科学性和价值进行评估，并提供反馈和建议。

（2）引用次数（citation count）：研究论文或作品的引用次数可以作为衡量其创新性和影响力的一个指标，高引用次数通常表明该作品具有较高的创新性和影响力。

（3）专利申请（patent filing）：专利申请可以反映研究成果的创新性和潜在的商业价值。专利的授权和保护可以确保创新性得到法律认可和保护。

（4）应用转化（technology transfer）：研究成果在实际应用中的转化能力也是评价其创新性的一个重要方面。如果研究成果能够被转化为实际的产品、服务或解决方案，那么其创新性通常被认为较高。

（5）社会影响（social impact）：研究或作品对社会的积极影响也是评价其创新性的一个重要方面。例如，对公共政策、社会福利、环境保护等方面的积极贡献可以反映其创新性的社会价值。

（6）奖项和荣誉（awards and honors）：获得的奖项和荣誉可以作为评价创新性的一个外部认可。这些奖项通常由同行专家或相关领域的权威机构评选，反映了研究成果的创新性和影响力。

（7）资金支持（funding）：获得政府、企业或研究机构的资金支持可以作为评价创新性的一个指标。资金支持通常基于对研究项目的创新性和潜在价值的评估。

（8）教育影响（educational impact）：研究成果在教育领域的应用和影响也是评价其创新性的一个方面。例如，是否被纳入课程教材、是否被用作教学案例等。

这些考评方式并不是相互独立的，它们之间可以相互补充，共同评价一个研究或作品的创新性。因此，评价创新性的过程中，需要综合考虑多个因素，并根据具体情况和评价目的选择合适的考评方式。

附录：教学建议

1. 在课堂上，将学生分组，每 6～8 个人为一个小组，以便于课堂讨论。
2. 在讲述研究问题的来源之前，给学生 10～15 分钟的时间，分组讨论研究问题的来源，以及原因，然后让每一组代表发言，并让同学们提问和讨论。
3. 在讲述了假设和实验设计之后，给学生 15～10 分钟的时间准备一个简单的发言，包括自己的一个研究课题，研究问题、假设和目的，然后采用随机抽样或鼓励发言等形式，让学生上台讲述。对于还没有研究课题的学生，可以给他们提供一篇期刊论文，让学生总结其中的研究问题、假设和研究目的。
4. 在学生分组讨论时，本书作者发现，学生们会用手机来查阅问题的答案。这种行为虽然没有什么错误，但有悖课程的初衷，不利于开发大脑的思维能力，这一点有必要向学生们指出来。

第二章　关于撰写科研论文

本章将讨论撰写科研论文的重要性、科研论文的基本构成、对各个部分的要求，以及科研论文构成与科研要素的对应关系。

第一节　撰写科研论文的重要性

“发表否则被淘汰”（publish or perish）这一概念起源于20世纪初，随着学术出版和学术评价体系的发展，发表论文逐渐成为衡量学者成就和职业发展的重要标准，特别是在医学和自然科学领域，研究结果的及时发表对于其他研究者和临床实践的参考至关重要。尽管这句话夸张地表达了学术界的生存压力，但它确实强调了在学术界，发表研究论文对于研究人员的重要性。

在学术界，发表论文不仅是展示研究成果的方式，也是获得同行认可、获得研究资金、晋升和获得学术职位的必要条件。随着学术评价体系的发展，特别是量化评价方法的出现，发表论文的数量和质量成为评价学者学术水平和职业发展的关键因素。

然而，这种强调发表论文的倾向也引发了一些批评，认为它可能导致研究质量的下降、研究重复和学术不端行为的发生。学术不端是研究个体急功近利的一种表现，它们的出现也许与过度强调发表论文有一定的联系。然而，在更加合理的研究学术评价体系被广泛采纳之前，论文发表仍不失为一种重要的学术评价体系。因此，科研工作者应该面对现实，均衡发展。

publish or perish 这一现象在学术界普遍存在，但具体的案例可能因领域、机构和个人情况而有所不同，以下是 publish or perish 的应用和影响。

【学术晋升】 在某些大学或研究机构，晋升到更高的学术职位（如副教授或教授）可能要求学者在一定的年限内发表一定数量的高质量文章。如果一位学者未能达到这些发表要求，他们可能无法获得晋升，从而影响他们的职业发展。

案例：有一位年轻学者，在大学里担任助理教授。晋升委员会要求在申请晋升为副教授时必须有 10 篇发表在顶级学术期刊上的文章。如果这位学者在规定的年限内未能发表足够数量的文章，其晋升申请可能会被拒绝，这可能会影响他的职业发展。

【研究资金】 为了获得研究资金，学者通常需要展示他们的研究成果和发表记录。如果一个研究团队或个人没有发表足够的研究成果，他们可能难以获得资助，从而影响他们的研究和学术活动。

案例：有一个研究团队，他们正在申请一项重要的国家级研究资金，作为申请的一部分，他们需要提供过去几年的研究成果和发表记录，如果团队的研究成果和发表记录不足，他们的资金申请可能会被拒绝，这可能会影响他们的研究活动。

【学术职位竞争】 在学术职位的招聘过程中，候选人通常会被要求提供他们的发表记录。如果候选人的发表记录不符合招聘机构的要求，他们可能无法获得职位。

案例：有一位学者正在申请一个竞争激烈的教授职位。在招聘过程中，招聘委员会要求候选人提供他们的发表记录，如果候选人的发表记录不符合招聘机构的要求，他们可能无法获得职位。

【学术影响力】 在某些领域，学者可能需要通过发表论文来建立和维持他们的学术影响力。如果一位学者未能保持活跃的发表记录，他可能会逐渐失去在学术界的影响力。

案例：有一位学者在某个领域非常有影响力，他经常在顶级学术期刊上发表文章。然而，由于各种原因，这位学者逐渐减少了发表活动。随着时间的推移，他可能会失去在学术界的影响力。

【学术合作】 在学术界，与其他学者合作发表文章是一种常见的做法。如果一个学者未能与其他学者合作发表论文，他可能会错过与其他研究者合作的机会，从而影响他的学术发展。

案例：有一位学者在某个领域非常有才华，但他的发表记录相对较少。这可能会影响他与其他学者合作的机会。其他学者可能会更倾向于与那些有更丰富发表记录的学者合作。

“publish or perish”是人们最为熟知的表达方式，但也有其他类似的变体，如“publish or die”“publish or suffer”“publish to survive”，它们都在不同程度上强调了在学术界发表论文对研究人员和学者的重要性。它们也反映了学术界对发表学术成果的重视，以及发表学术成果对学者职业生涯的影响。

相对于“publish or perish”，还有一些更为乐观的表达方式，表达了不断发表论文，不仅能够维持职业生涯，还能够获得成功和认可，如“publish to prosper”“publish to excel”“publish to impact”等。它们强调了通过发表论文可提升学术水平和职业发展，并暗示了发表论文在学术生涯中是追求卓越的一种方式。

也有其他的英文词语与发表论文有关，如“tenure”或“tenure track”。在学术界，终身教职（tenure）是许多教授职位的最终目标。为了获得终身教职，学者需要在一定的年限内发表足够数量和质量的研究成果。

其实，发表论文对研究个体来说具有多方面的益处。撰写并发表科研论文是一种高效的学术训练过程，它能够显著提升科研能力和思维深度，这种训练不仅展示了个人沟通研究成果的能力，而且是满足科研项目或科研机构（如大学）评估要求的必要条件。论文发表有助于提升个人的科研声誉和学术地位，为研究者提供了一种获得学术水平认可的资质证明，同时也是从事科研活动的正式记录，为研究者构建了宝贵的学术档案。这不仅有助于吸引科研资金的投入，还促进了与其他科研团队的协作和交流，扩大了专业网络。

此外，撰写和发表论文可以为科研人员带来了职业上的满足和乐趣，因为成功发表高水平的科研论文本身就是一种成就。在求职和职业晋升中，它也是衡量研究能力的重要依据，展示了研究者的学术成就。

从科研角度，发表论文有助于检验研究假设，论文发表前的同行评审有助于验证研究假设和方法论的合理性，从而提高研究的可靠性和有效性。通过对已发表研究的分析和讨论，科研人员可以获得新的研究灵感和创新点。此外，论文发表有助于将研究成果传播到学术界和更广泛的公众领域，提高研究成果的社会影响力。

对于社会而言，科研论文的发表成果可以为环境、监管等政策的制定提供科学依据和参考，对社会产生深远的影响。同时，每一篇新发表的论文都是对现有知识体系的有益补充，为人类知识的积累做出了贡献。

第二节　科研论文的基本构成

绝大多数的科研论文包括标题（title）、摘要（abstract）、关键词（keywords）、引言（introduction）、实验细节（experimental details）、结果（results）、讨论（discussion）、结论（conclusion）、致谢（acknowledgments）、参考文献（reference），以及其他一些部分，如附录（appendices）和支持信息（supporting information）等。以下是对各个部分基本要求的描述。

标题（title）：准确、简洁地反映论文的内容核心。一个好的标题应当能够吸引读者的注意，同时给出足够的信息，使读者能够快速了解论文的主要内容。

摘要（abstract）：简短地总结研究的目的、方法、结果和结论，让读者能够快速了解文章是否与自己的研究兴趣相关。

关键词（keywords）：代表文章主题，便于索引和搜索。

引言（introduction）：介绍研究背景、现状、研究意义和目的。在引言里，通常会明确提出研究问题或假设，简述研究方法、主要结果和结论。

实验细节（experimental details）：详细说明实验材料、实验方法、数据收集和分析过程。这一部分需要足够详细，以便其他研究者能够重复实验。

结果（results）：客观地展示实验数据和观察到的事实，通常伴有图表和数据分析，但不应包含过多的解释或评价。

讨论（discussion）：论证所提出（或支持的）观点主张，对结果进行解释，用证据、理由和逻辑推理来论证文章所提出的论点、观点和主张，用数据、引用、统计和例子来加强论点，并讨论可能的限制和未来的研究方向。

结论（conclusion）：总结研究的主要发现和贡献，明确指出研究的局限性和可能的后续研究方向。

致谢（acknowledgments）：感谢为研究提供帮助的个人和机构，如资助机构、技术支持等。

第三节　科研论文各个部分与科研要素的对应关系

科研论文是科学研究成果的重要载体，它精确描述了研究过程、所发现结果和理论，其结构和内容与科研要素密切相关。表 2-1 是论文各部分与科研要素的对应关系。

表 2-1　科学研究与科研论文各个部分的对应关系

论文组成	对应的科学研究要素
标题	科研主体、问题、方法、结果等
摘要	研究问题、假设、方法和结果
关键词	研究主体、方法、结果的关键词
引言	问题的提出、相关研究的回顾、假设的建立
实验细节	收集数据的方法和过程
结果	收集到的数据和实验结果
讨论	结果的解释和讨论
结论	研究结果的总结和结论的提出
致谢	对支持和帮助的认可
参考文献	对前人研究的引用和认可
附录	提供更多的研究结果和证据
支持信息	提供额外的结果和解释

科研论文的构成部分与科研要素的对应关系确保了研究的透明度和可重复性，同时也反映了科研工作的严谨性和系统性。通过这些关联，研究人员能够全面地展示他们的研究成果，为其他研究者提供参考。

第三章　如何撰写引言

引言部分是研究的门面，其主要职责是铺设研究的基石，向读者展示研究的全貌。在这一部分，作者应当详细阐述研究的背景信息，勾勒出研究问题的轮廓，并阐释其研究的必要性，使读者对研究的背景和现状有一个清晰的认识。同时，作者需要明确指出研究旨在解决的核心问题，以及研究的创新点和潜在贡献。一个精心构思的引言不仅应当具备高度的易读性，表达准确，逻辑严密；更应具备吸引读者的魅力，激发读者的好奇心，促使他们深入探究研究的具体内容。

第一节　撰写引言的基本思路

引言常包括几个不同的职能部分，从开场白、背景和研究的来龙去脉，研究问题和目标，研究的重要性和意义，到文献综述、界定研究范围和方法，再到概述研究的内容。

开场白常以一段概述性文字作为开场，来介绍一个宽泛的研究话题或领域，借此引起读者的兴趣，并引出背景信息。在此之后，可以简要介绍当前研究的历史和理论背景，罗列其中关键的进展、争议以及知识上的空白。随后可以明确阐述研究所要解决的问题、疑问或假设。解释为什么这个问题重要，以及它如何促进该领域的知识进步。进一步讨论解决这些研究问题将如何影响理论、实践、政策或对特定现象的理解，强调解决该研究问题的潜在收益或影响。

文献综述是引言的另一个重要组成部分，旨在总结与当前研究密切相关的关键文献，指出它们在试图解决这些问题方面存在的差距或局限性，描述支撑这一研究的关键理论、模型和概念。

最后，简要描述研究的内容，包括研究范围、具体的研究变量、概述研究的方法（定量、定性或混合方法），简要解释为什么选择这些方法论和实验，以及主要的实验和结果。

第二节　举　　例

撰写引言的模板和其对应的举例见表 3-1。

表 3-1　撰写引言的模板和其对应的举例

模板	举例
开场白：常以一段概述性文字作为开场，旨在介绍一个宽泛的研究话题或领域，借此引起读者的兴趣，并引出背景信息	随着计算机和人工智能领域的飞速发展，智能语音技术作为其中的重要分支，正逐渐成为人们日常生活和工作中不可或缺的一部分。声电芯片作为智能语音技术的核心组件，其性能的优劣直接影响到语音识别、语音合成等应用的效果。因此，开发高性能声电芯片成为当前研究的热点问题
背景和研究的来龙去脉：简要介绍当前研究的历史和理论背景，罗列其中关键的进展、争议以及知识上的空白	智能语音技术起源于 20 世纪 50 年代，随着计算机科学和信号处理技术的不断进步，智能语音技术得到了迅速发展。声电芯片负责将声音信号转换为电信号，并进行处理和分析。然而，传统的声电芯片在性能方面存在一定的局限性，如噪声抑制能力差、语音识别准确率低等问题。为了解决这些问题，研究人员开始致力于开发高性能声电芯片

续表

模板	举例
研究问题和目标：明确阐述研究所要解决的问题、疑问或假设。解释为什么这个问题很重要，以及它如何促进该领域的知识进步	本研究以新型纳米纤维为转换介质，旨在开发一种高性能声电芯片，以提高智能语音技术的性能。具体来说，我们将重点关注纳米纤维声电芯片的信噪比、分辨率、语音识别准确率和功耗等方面，以实现更高效、更准确的语音处理
相关性和重要性（意义）：阐明研究的更广泛意义，讨论研究结果如何影响理论、实践、政策或对特定现象的理解。强调解决该研究问题的潜在收益或影响	高性能声电芯片的研究和开发对于推动智能语音技术的发展具有重要的意义。首先，它可以提高语音识别和语音合成的准确率，为人们提供更自然、更便捷的语音交互体验。其次，它可以提高人工智能对不同发声个体的辨识度，提高人机交流的效率，降低能耗。此外，高性能声电芯片的研究和开发也有助于推动相关产业的发展，促进经济增长
文献综述：总结与当前研究密切相关的关键文献，指出它们在试图解决这些问题时存在的差距或局限性。描述支撑这一研究的关键理论、模型和概念	近年来，已有一些研究人员对声电芯片的性能进行了改进和优化。例如，一些研究通过改进聚偏氟乙烯的声电转换性能，提高了声电芯片的灵敏度和稳定性。另一些研究则通过引入深度学习算法，提高了声电芯片的语音识别准确率。然而，由于材料本身性能的局限性，目前的声电芯片在信噪比和语音分辨率上仍显不足，而且功耗较高（注意，这个简短的综述只是为了举例，实际的综述会包含很多内容）
研究内容：简要描述当前研究的范围（包括具体的研究对象、变量参数等）、研究方法（定量、定性或混合方法）和获得的主要结果	本研究以压电纳米纤维为转换介质制备了一种新型的语音芯片，详细测试了声电芯片的性能，探究了器件结构、纤维直径、纤维取现度和尺寸对芯片信噪比、分辨率、语音识别准确率和功耗的影响。我们发现，纤维与器件狭缝配置夹角对这些性质起了关键作用。当夹角为45°时，分辨率是0°和90°的5倍以上，信噪比明显高于其他夹角条件，语音识别的准确性有明显的改善，而且功耗降低了至少30%。我们也提出了解释这些现象的机理

值得注意的是，上述引言是一个理想化的示例，旨在展现一个完整的研究概述，在实际的学术写作中，作者应根据期刊的具体要求和文章的实际情况，有选择性地呈现相关信息，这样做可

以避免内容的重复和冗余。在引言的最后，根据情况，也可以对文章进行概述，总结文章的主要部分或章节，为读者提供文章结构的预览，帮助他们理解本研究的组织结构以及后续部分的内容。然而，对于学术出版物，由于每种期刊都有其固定的格式和结构要求，因此，没有必要介绍文章的结构。

在大多数情况下，引言部分主要用来简要介绍研究背景、核心问题、创新之处以及研究的主要贡献。这样的叙述方式有助于吸引读者的注意，同时为读者提供了研究的必要背景和方向，引导他们顺畅地进入正文部分。

第三节　如何组织引言中的研究目的

介绍研究目的旨在引导读者理解研究的核心问题和预期贡献，因此在描述上应该简洁、具体。以下建议有助于撰写清晰的研究目的。

（1）问题的提出：从一个广泛认可的问题或现象开始，说明为什么这个问题值得研究，可以引用一些关键文献或统计数据，来支持问题的重要性和紧迫性。

（2）研究缺口：指出现有研究中存在的缺口或不足，这可以是一个未被充分探讨的领域，或者现有研究中的不一致之处，阐明你的研究是如何旨在填补这一缺口或解决这些不一致的。

（3）研究目标：明确地列出你的研究目标，这些目标应该是可实现的，并且与问题紧密相关。避免使用模糊或过于宽泛的语言，确保目标具体且具有针对性。

（4）研究假设或问题：根据情况，提出研究假设或具体要研究的问题，这些假设或问题应该是可以通过你的研究方法来测试或回答的。

（5）研究范围和限制：简要说明研究的范围，包括研究的具体领域、对象、时间和地点，如实地讨论研究的限制或预期挑战。

（6）研究方法和设计：提供一个关于你将如何实现这些目标的高层次概述，包括你的研究方法和设计，这部分不需要详细，但应该让读者足以理解你的研究路径。

（7）预期贡献：阐明你的研究预期对学术领域、实践应用或政策制定带来的贡献，说明你的研究如何有助于深化理解、解决问题或推动知识的前沿。

以下是两个完整的例子。

【例一】

气候变化对全球生态环境和人类社会产生了深远影响，特别是在极端天气事件频发的背景下，如何提高城市韧性成为迫切需要解决的问题。政府间气候变化专门委员会（The Intergovernmental Panel on Climate Change，IPCC）报告显示，全球气温升高将导致极端气候事件增多，给城市基础设施、生态系统和居民生活带来巨大压力。因此，研究如何提高城市韧性，以应对气候变化带来的挑战，具有重要的现实意义和紧迫性。

尽管现有研究对城市韧性进行了广泛探讨，但针对特定城市类型（如沿海城市、内陆城市等）的韧性提升策略研究仍较为有限。此外，现有研究在评估城市韧性水平、制定针对性政策和措施方面也存在不足。本研究旨在填补这一研究缺口，为不同类型城市提供更具针对性的韧性提升策略。

本研究的目标是：①评估不同类型城市在气候变化背景下的韧性水平；②分析影响城市韧性的关键因素；③提出针对性的城市韧性提升策略。本研究假设城市韧性水平与城市类型、基础设施、生态系统、社会经济状况等因素密切相关。具体研究问题包括：不同类型城市的韧性水平有何差异？哪些因素对城市韧性具有显著影响？如何制定有效的城市韧性提升策略？

本研究以我国沿海城市和内陆城市为研究对象，时间范围为2010～2020年。研究的限制在于数据获取和处理，以及可能存在的其他未知因素对城市韧性的影响。本研究采用定量与定性相结合的方法，通过收集相关数据和文献，运用统计分析、空间分析和案例研究等方法，对不同类型城市的韧性水平进行评估，并分析影响城市韧性的关键因素。在此基础上，提出针对性的城市韧性提升策略。本研究将丰富城市韧性理论体系，为不同类型城市提供更具针对性的韧性提升策略，为城市规划、建设和管理工作提供科学依据，提高城市应对气候变化的能力，并为政策制定者提供参考，推动城市可持续发展。

【例二】

随着城市化的迅速推进，城市地区对周围生态环境的影响日益显著，特别是对生物多样性的影响。尽管已有研究揭示了城市化对鸟类迁徙模式的影响，但对城市生态系统整体的生物多样性变化趋势及背后的机制尚缺乏全面的了解。本研究旨在通过长期的实地监测和遥感数据分析，量化城市扩张与生物多样性之间的关联，并深入探索这种变化的潜在生态和进化机制。我们希望这些发现能为城市生态规划和生物多样性保护提供科学依据，助力城市实现可持续发展，并有效保护地球上的生物多样性。

第四节　引言中的文献综述

文献综述是引言部分的核心要素，通过这一环节，作者对现有文献进行综合评述，分析前人的研究成果，并对其贡献与局限性进行评估。这一过程旨在确立作者研究的必要性与紧迫性，以及对于学术领域的潜在贡献。在处理一个广泛且热门的研究领域时，作者面临着众多文献的选择压力，应当引用哪些文献来烘托自己研究的重要性？需要引用多少篇文献？如何平衡文献的广度与深度，以及如何公正地评价它们的贡献与不足？这些问题需要认真对待，以下一些原则有助于作者在这些方面做出明智的选择。

1. 选择“关键文献”

在撰写期刊论文引言部分文献综述时，首先要筛选出“关键文献”，因为这些文献为你的研究提供坚实的基础和背景，筛选相关文献可采用以下原则。

（1）与研究问题直接相关：选择那些直接解决你的研究问题或与研究主题紧密相关的文献，最好是那些对你的研究有明确影响或提供重要背景的文献。

（2）高引用次数：高引用次数可能表明该文献在学术领域内具有重要影响力，可借助 Google Scholar 或 Web of Science 来评估文献的影响力。

（3）发表在权威期刊上：选择那些发表在领域内公认的高质量期刊或同行评审的期刊上的文献，这些期刊通常有严格的审稿标准，质量较高。

（4）著名研究者或研究团队：这些研究者或团队的工作往往对领域有显著贡献。

（5）最新的研究成果：尤其是在快速发展的领域，新的研究可能会提供新的见解、方法或数据，对现有知识体系有重要的补充或挑战。

（6）系统性综述和元分析：系统性综述和元分析提供了对特定研究主题的综合评估和定量分析，这些文献通常被认为是关键文献，应该尽量引用。

（7）方法和理论的创新：那些在方法论或理论上有重要创新的文献，可能会对领域的发展产生重大影响，并为你提供新的研究视角。

（8）与你的研究方法相似的研究：引用那些使用了与你相似研究方法的文献，它们能证明你的研究在特定方法上的正确性。

（9）争议或不同观点：那些提出了不同观点或结论的文献，尤其是在存在争议的领域，可以引用，以展示领域的多元性和复杂性。

注意，文献综述不仅仅是对已有研究的总结，更是一个展示你对研究领域深入理解的窗口。

2. 引用文献数量

参考文献引用的数量在引言中并没有固定的标准，它取决于多个因素，如研究领域、文献的可用性、研究的深度和广度，以及期刊的具体要求。通常，一篇典型的实验科学论文的引言可能引用大约 20～30 篇文献，也可能在引用文献数量上有很大的差异，文献引用的关键是要确保引用的每一篇文献都有其必要性，并且能够为你的研究提供清晰的背景和支持。这里是一些一般性的指导原则。

（1）研究的成熟度：在成熟的领域中，可能存在大量的相关文献，因此引言中可能会引用更多的参考文献。而在新兴领域，相关文献可能较少，引用的数量也会相应减少。

（2）研究的范围：如果研究的范围广泛，涉及多个子领域或多种方法，可能需要引用更多的文献来全面覆盖相关背景。相反，如果研究非常具体和集中，引用的文献数量可能会较少。

（3）文献的质量和相关性：重要的是引用与你的研究直接相关的文献，而不是简单地堆积参考文献，确保每篇引用的文献都对你的研究有明确的贡献。

（4）文献综述的深度：引言中的文献综述应该足够深入，以便读者理解你的研究是如何建立在现有知识之上的。但同时也需要避免过度详细，以免读者迷失在细节中。

（5）期刊要求：不同的期刊可能有不同的引用习惯和限制。

在撰写引言之前，应查看目标期刊的作者指南，了解他们对文献引用的具体要求。

3. 描述方式

在撰写引言文献综述时，何时应该详尽，何时应该简洁，取决于研究的性质、领域内的共识程度、读者的预期知识水平以及期刊的指导方针。以下是一些指导原则。

（1）研究的新颖性：如果你的研究是探索一个全新的领域或提出一个全新的假设，你可能需要更详细地介绍相关背景，以便读者能够理解你的贡献。相反，如果你的研究是在一个成熟领域内的微小改进，可以更加简洁。

（2）研究的重要性和影响：如果已有大量文献支持你的研究问题，你可能需要更加详尽地引用和讨论这些文献，以展示你的研究是如何建立在稳固的基础上。如果文献较少，或者你的研究对文献有显著的补充或挑战，可以更加简洁。

（3）读者的预期知识水平：考虑你的目标读者。如果你的论文面向广泛的读者群体，可能需要提供更多的背景信息；如果面向的是专业领域的专家，可以假设他们已经具备一定的背景知识，因此可以更加简洁。

（4）文献的关联性：在文献综述中，只引用与你的研究直接相关的文献，避免引用那些关联性不强或者不直接支持你的研究问题和假设的文献。

（5）同行的反馈：在提交论文之前，可以让同事或导师预审你的文献综述，他们的反馈可以帮助你判断是否需要进一步详尽或简洁。

（6）期刊或会议的指导方针：不同的期刊或会议可能有不同的要求。在撰写之前，仔细阅读并遵守这些指导方针，了解他们对文献综述的期望长度和深度。

总之，文献综述的详尽程度应该足够让读者理解你的研究背景和动机，同时避免冗长，关键是要保持平衡，确保文献综述部分既全面又相关，能够有效地支持你的研究目标和问题。

4. 如何进行批判性分析

进行批判性分析意味着不仅仅总结和列举前人的研究，而且还要深入评估这些研究的质量、方法、结果和结论，以及它们与你的研究之间的关系。以下是一些步骤和技巧，可以帮助你进行批判性分析。

（1）理解研究方法和设计：评估前人研究的方法论，包括研究设计、样本选择、数据收集和分析方法，考虑这些方法是否适合你的研究问题，是否存在潜在的方法论缺陷。

（2）评估研究的质量和可靠性：检查研究的结果是否一致、可重复，并且是否有足够的数据支持结论，考虑研究的信度和效度，以及研究结果的普遍性和应用范围。

（3）分析研究的局限性和偏见：识别研究中可能存在的偏差来源，如样本偏差、测量工具的不准确性或研究者的预期影响，考虑这些局限性可能如何影响研究结果的解释和推广。

（4）对比前人的研究：将前人的研究进行对比，找出它们之间的差异和共同点。分析这些差异可能源于何种研究设计、样本特征或分析方法。

（5）评估研究的理论和实践意义：考虑研究对现有理论框架的贡献，以及它对实践领域的潜在影响，评估研究是否提出了新的理论观点或对现有理论提出了挑战。

（6）使用批判性思维框架：利用批判性思维框架，如 PICO（population，intervention，comparison，outcome）或 SOHP（strengths，opportunities，hints，and problems），来系统地分析和评价文献。

（7）提出建设性的批评：在指出研究的不足时，提供具体的例子和证据，并尽可能提出改进的建议，避免使用攻击性语言，确保批评是基于学术和专业的考虑。

（8）明确你的研究定位：在批判性分析的基础上，清晰地阐述你的研究是如何建立在现有研究之上的，以及你的研究将如何填补现有知识的空白或解决未解决的问题。

注意，批判性分析应该是基于事实和逻辑的，旨在促进知识和理解的进步。

5. 如何客观地描述文献中的研究局限性和不足

在引言部分客观地描述前人研究的局限性和不足，可展示作者研究的严谨性和诚实性，然而，描述不当会招来非议和潜在的冲突，因此要格外谨慎。以下是一些建议。

（1）识别前人研究的不足：通过批判性地分析前人的研究，识别其方法论、理论基础、数据分析或解释方面的局限性，用客观和中立的词汇来描述这些不足，避免攻击性语言。

（2）明确指出局限性的来源：前人研究的不足可能是由于技术限制、理论发展的不足、数据获取的困难或其他外部因素。如果可能，尽量引用具体的研究例子来支持你的观点。

（3）说明你的研究将如何应对这些不足：阐明你在研究中将采用什么设计来克服或减少这些局限性的。描述你采用的方法、理论或数据来源，以及它们是如何改进的。

（4）承认自身研究的局限性：客观地讨论你的研究可能存在的局限性，如样本大小、研究范围、研究持续时间等，说明这些局限性可能如何影响研究结果的解释和普遍性。

（5）提出未来研究方向：根据你识别的局限性，提出未来研究可能探索的领域或问题。这表明你对领域的发展持开放态度，并鼓励进一步的研究。

（6）措辞保持尊重：在指出前人研究的不足时，要保持客观和尊重的态度，避免负面评价和潜在的人身攻击，强调你的目的是推进知识和理解，而不是批评。

（7）文献引用：在讨论前人研究的不足时，确保正确引用相关文献，以证明你的观点是基于事实和已有的学术讨论。

在引言部分非常有必要以建设性和专业的方式来描述研究前人的局限性和不足，同时展示你的研究是如何在现有基础上进行改进和贡献的，这有助于增强论文的可信度。以下是一些具体例子。

【例一】

【前人研究的不足】　过去的研究主要集中在某疾病的手术治疗上，但较少关注术后康复期的护理。

【自身研究的局限性】　我们的研究虽然关注了术后康复护理，但由于样本量有限，结果可能无法全面反映所有患者的康复情况。

【例二】

【前人研究的不足】　在过去的十年中，许多研究探讨了气候变化对农作物产量的影响，但这些研究大多基于模拟数据，缺乏实地观测的支持。

【自身研究的局限性】　我们的研究通过实地观测数据分析了气候变化对农作物产量的影响，但由于观测时间较短，可能无法完全捕捉长期趋势。

【例三】

【前人研究的不足】　过去的研究主要关注了城市地区的空气污染问题，但较少关注农村地区。

【自身研究的局限性】　我们的研究虽然关注了农村地区的空气污染问题，但由于设备和资源的限制，我们无法对多种污染物进行全面的监测。

【例四】

【前人研究的不足】 在过去的五年中，许多研究探讨了人工智能在医疗诊断中的应用，但这些研究大多基于有限的疾病类型和数据集。

【自身研究的局限性】 我们的研究虽然扩大了疾病类型和数据集的范围，但由于人工智能技术的不断进步，我们的研究结果可能很快被更先进的方法取代。

6. 引入多元视角

在文献综述中引入多元视角意味着全面地呈现研究领域内的不同观点、方法、理论和结果，这需要广泛的文献检索，使用多个数据库和关键词，以确保覆盖尽可能广泛的文献，包括不同地区、不同机构的研究，以及发表在不同期刊上的文章。纳入不同观点，包括那些提出不同结论或解释的文献。对比这些文献，探讨可能导致这些差异的原因。考虑研究方法多样性，如定量研究、定性研究、实验研究、观察研究等，讨论不同方法的优势和局限性。不仅包括理论文献，而且纳入实践的文献，如案例研究、政策分析等，以展示理论如何应用于实践，以及实践中遇到的问题和挑战。考虑时间跨度，包括不同时间段的文献，以展示研究领域的演变和发展，包括研究趋势、理论的变迁和实践的变化。纳入的文献进行批判性分析，不仅仅总结研究结果，还要评估其方法、假设和局限性，不同研究的强点和弱点。整合不同研究的结果，并进行对比，可借助表格、图表或其他视觉工具来清晰地展示这些对比。讨论分歧和共识，指出研究领域内的分歧点，并讨论可能的解释。同时，识别研究领域内的共识，这有助于建立研究的基础。基于多元视角的分析，提出未来研究的方向和建议，以帮助指导后续研究，促进领域的发展。

注意，多元视角不仅仅是简单地列举不同的观点，而是要通过批判性分析和深入讨论，展示你对这些观点的理解和评价。

第五节　确保引言部分的逻辑性

引言部分的逻辑性是作者研究水平、思路和专业视野的一个重要表现，如何逻辑清晰、条理分明地介绍自己的研究、背景以及研究的重要性，可以遵循以下原则。

（1）明确研究目的：在开始撰写引言之前，明确你的研究目的和研究问题，聚焦于提供必要的信息，以便读者清楚你的研究为何重要。

（2）制订大纲：在开始写作之前，制订一个引言部分的大纲，包括背景信息、研究问题、文献综述、研究目标和假设。这样可以帮助你组织思路，并确保逻辑流畅。

（3）从广泛到具体：引言的描述应该从广泛的背景开始，逐步聚焦到自己的具体研究问题上。例如，可以先讨论更广泛的科学领域或社会问题，然后逐步缩小范围，直至自己的研究主题。

（4）使用过渡语句，帮助读者理解不同段落和思想之间的联系。例如，使用"然而""此外""因此"等词汇，可以更清晰地表达逻辑关系。

（5）保持简洁：避免不必要的细节或冗长的文献综述，确保每一部分都直接支持你的研究目的和问题。

（6）批判性分析文献：在文献综述部分，不仅要总结前人的研究，还要进行批判性的分析，以展示你的研究如何填补现有知识的空白。

（7）明确研究贡献：清楚地说明你的研究将如何对现有知识体系做出贡献，这应该建立在你对文献批判性分析的基础上。

（8）结论性语句：引言的结尾应该有一个结论性语句或段

落，明确概述你的研究目的和假设，为读者进入论文的剩余部分做好准备。

（9）获得反馈：在完成初稿后，让同行或导师审阅你的引言，可以帮助你识别逻辑上的漏洞或不清晰的地方。

（10）多次修订：写作是一个迭代过程，要进行多次修订，才能确保每一部分都紧密联系，逻辑清晰。

第六节　撰写引言时常见的错误

撰写科研论文的引言部分时，常见的错误包括但不限于以下几点。

（1）缺乏明确的研究目标：引言应该清晰地阐述研究的目的和目标，如果引言中缺乏明确的研究目标，读者可能无法理解研究的重点和意义。

（2）文献综述不充分或过于冗长：引言部分通常包括对现有文献的综述，以展示研究背景和研究的必要性。如果文献综述不充分，可能无法证明研究的创新性和重要性。相反，如果文献综述过于冗长，可能会使读者迷失在细节中，而忽略了研究的核心问题。

（3）未明确研究问题和假设：引言应该明确地提出研究问题或假设。如果这些问题或假设没有清晰表述，读者可能不清楚研究的主要焦点。

（4）缺乏逻辑性：引言应该逻辑清晰地从广泛的背景逐步聚焦到具体的研究问题上。如果引言中的信息组织混乱，缺乏逻辑性，读者可能会感到困惑。

（5）夸大研究成果的重要性：虽然需要强调研究的意义，但过度的夸大可能会损害研究的可信度。应该客观地描述研究的潜在影响和贡献。

（6）忽略研究局限性和前人研究的不足：引言中应该诚实地讨论研究的局限性和前人研究的不足之处，这有助于展示研究的合理性和必要性。

（7）使用过时的文献：确保引用的文献是最新的，以反映当前的研究状态。使用过时的文献可能会导致研究基础的薄弱。

（8）缺乏背景信息：引言应该提供足够的背景信息，以便读者理解研究的上下文。缺乏背景信息可能导致读者无法完全理解研究的动机和目的。

（9）语法和拼写错误：语法和拼写错误会降低论文的专业性。确保仔细校对引言部分，以避免这些基本的错误。

（10）未遵循期刊格式和指南：不同的期刊可能有特定的格式要求。在撰写引言时，应遵循目标期刊的格式和指南。

为了避免这些错误，作者应仔细规划引言的结构，清晰地表述研究目的和背景，有逻辑地组织文献综述，并确保所有内容都与研究目标和问题紧密相关。此外，导师和同行的反馈可以帮助识别和纠正这些常见的错误。

附录：对课外作业的建议

1. 让正在写科研论文的学生，以 PPT 的形式，在课堂上讲述自己文章的引言部分，并对照模板提示，讨论引言在内容方面需要加强的地方。学生可以根据课堂的反馈意见，对引言进行修改，然后，再次讲述修改后的引言部分，并再次获得反馈。学生可以根据进一步的反馈，进行二次修改。
2. 给学生提供文献，让他们根据模板的提示，找出引言的各部分内容，并指出其中的优点和不足之处，并在课堂上，以 PPT 的形式讲解，与其他同学讨论和交流。

第四章 实验部分

实验部分详细描述了研究者为了验证研究假设所进行的实验设计、实验方法和实验过程，该部分需要足够详细，以便其他研究者能够重复实验。

第一节 实验部分的主要内容

【实验材料】 包括材料和试剂的来源、纯度、规格、化学组成、结构特征、需要特殊处理的步骤等信息。

【仪器和设备】 描述用于样品制备的所有仪器和设备，包括型号、制造商和任何特殊的操作条件。

【样品制备步骤】 按照时间顺序详细描述样品制备的每个步骤。包括材料的混合、固化、干燥、烧结等过程。对于每个步骤，描述所使用的具体条件，如温度、时间、压力、溶剂等。

【样品处理】 描述样品制备后的任何处理步骤，如切割、打磨、抛光等，以及这些步骤的目的。

【质量控制】 说明如何确保样品的一致性和质量，包括重复性实验、标准样品的制备和测试。

【表征方法】 如果适用，描述用于确认样品结构和性质的表征方法，如扫描电子显微镜（scanning electron microscope，SEM）、X射线衍射（X-ray diffraction，XRD）、傅里叶变换红外光谱（Fourier transform infrared spectroscopy，FTIR）等。

【专业性质测试】 描述用了什么仪器、方法、条件，测试了什么专业性质。

【计算和模拟】 需要详细说明模拟的原理、方法、参数设置、所使用软件工具以及模拟步骤等。参数的设置应包括参数的来源、取值范围和选择依据。如果参数是通过实验数据校准的，应提供校准过程和结果。软件和工具应包括用于执行模拟的软件或编程语言，版本号和任何特定的插件或库。如果使用自定义代码，应该说明代码的可用性和访问方式。模拟步骤应包括数据输入、运行和结果输出，说明如何验证模拟的正确性和准确性，包括与实验数据对比、敏感性分析、校准和验证过程。

第二节 实验部分模板

一、实验材料

1. 实验试剂

（1）试剂 A
（2）试剂 B
（3）试剂 C

2. 实验原材料

（1）原料 A
（2）原料 B

（3）原料 C

二、实验方法

1. 材料制备

（1）材料 1
（2）材料 2
（3）材料 3

2. 样品加工

（1）路线 1
（2）路线 2
（3）路线 3

3. 材料表征

（1）仪器 A
（2）仪器 B
（3）仪器 C

4. 性能表征：

（1）性能 A
（2）性能 B
（3）性能 C

5. 模拟方法

（1）方法与软件 A
（2）方法与软件 B
（3）方法与软件 C

第三节 实验部分经常用到的英语单词

1. 与制备有关的单词

1）prepare（准备）

“prepare”通常指的是为了某个特定的目的或事件而做的准备工作。在科研或制造领域，“prepare”可以指准备原材料、设备或条件，以便进行制造或实验，这个词强调的是过程的预备性质，而不一定是完成一个最终产品。

2）fabricate（制作；伪造）

“fabricate”在制造领域指的是按照一定的设计或计划来制作或组装物品，它通常涉及精细的工作和特定的工艺流程。在科研中，“fabricate”可以指制作实验装置或样品。需要注意的是，“fabricate”也有“伪造”的含义，即在非真实的情况下制造或编造某些东西。

3）produce（生产）

“produce”通常指的是通过工业过程或农业活动来生产商品或食物。在科研中，“produce”可以指通过实验或合成来生成新的化合物或材料，这个词强调的是生产的规模和效率，以及将原材料转换成成品的过程。

4）manufacture（制造）

“manufacture”指的是在大规模生产中使用机器、设备和技术来制造商品，它通常涉及复杂的工艺和自动化生产线。“manufacture”强调的是工业化的生产方式，以及通过一系列工序将原材料转换成成品的系统性过程。

5）make（制作）

“make”是一个通用词，可以用于任何制作或制造过程，无论规模大小。“make”可以指手工制作，也可以指使用工具或机器来制作，这个词非常灵活，可以用于从简单的家庭手工艺到复杂的工业生产的各种情境。

总的来说，这些词的区别主要在于它们强调的制造过程的方面：“prepare”强调准备，“fabricate”强调精细制作，“produce”强调生产规模和效率，“manufacture”强调工业化和系统性生产，而“make”是一个通用的制造或制作词汇。在具体使用时，选择哪个词往往取决于上下文和所要表达的精确含义。

除了“prepare”“fabricate”“produce”“manufacture”“make”之外，还有一些英文单词用于描述制备或制造过程，举例如下。

（1）synthesize（合成）。

“synthesize”通常用于化学领域，指的是通过化学反应将两个或多个物质结合成一个更复杂的物质。在材料科学和制药行业中，这个词汇经常用来描述创造新的化合物或材料的过程。

（2）create（创造）。

“create”指的是从无到有地制作或形成某物，强调原创性和创新。这个词可以用于艺术、科学和技术等多个领域，强调的是创造性的过程和结果。

（3）assemble（组装）。

“assemble”指的是将多个部件或组件组合在一起形成一个完整的装置或产品。在制造业中，这个词通常用于描述流水线上的组装工作。

（4）construct（建造）。

“construct”通常用于描述建筑或大型结构的建造过程。它也可以用于其他领域，如分子构造或电路板的制造。

（5）develop（开发）。

“develop”在科研和工程领域指的是通过研究和实验来创造新的产品、技术或方法。这个词强调的是从初步想法到成熟产品的逐步发展过程。

（6）formulate（制订；配方）。

“formulate”在化学和制药领域指的是设计和配制新的化合物或产品，特别是指创造新的药物配方或化妆品配方。

（7）brew（酿造）。

“brew”特指酿造饮料，如啤酒或茶。它强调的是通过发酵或其他特殊的制备过程来制作饮料。

（8）cultivate（培养）。

“cultivate”通常用于农业领域，指的是种植和培养植物。在更广泛的科学领域中，它也可以指培养微生物或细胞。

（9）compound（混合）。

“compound”作为动词时，指的是将两种或多种物质混合在一起，通常用于描述化学物质的混合。

（10）mix（混合）。

“mix”是一个通用的词汇，用于描述将不同成分或物质混合在一起的过程，它适用于各种不同的物质和情境。

这些词汇都强调了制备或制造过程中的不同方面，从化学反应到物理组装，从创新设计到批量生产，选择哪个词汇取决于你要描述的具体过程和上下文。

2.“measure”和”test”的区别

“measure”和“test”这两个词虽然有时可以互换使用，但它们的含义和用法有所不同。

“measure”通常指的是确定大小、数量、程度或容量等的过程，它强调的是量化或评估某个特定的维度。例如，你可以测量长度、重量、温度或时间等。“test”则通常指的是一个过程，用来确定某物是否满足特定的标准或要求，或者用来诊断问题、评估性能、能力或知识，测试往往涉及比较结果与预定的标准或期望。在实际应用中，“measure”更侧重于量化，而“test”更侧重于评估或验证。例如，在科学实验中，你可能会先测量某个样本的重量，然后对其进行一系列的测试来评估其化学性质。在教育和心理学领域，“test”通常用来评估知识水平或心理特征，而“measure”可能用来量化考试成绩或心理测试的结果。

除了“measure”和“test”，英文中还有其他词与测量有关。

（1）check（确认），通常用于快速确认某事物的状态或质量。

（2）examine（检查），通常指仔细观察或研究以确定某物的特性或问题。

（3）assess（评估），通常用于评估性能、价值或状态。

（4）evaluate（评估），与“assess”相似，通常用于更正式的评估过程。

（5）diagnostic（诊断），特指用于确定疾病或问题的检测。

（6）screen（筛选），通常用于大规模的初步检测，如健康筛查。

（7）monitor（检测），持续观察某物以检测变化。

（8）analyze（分析），通常用于对数据或样本进行详细的科学研究以获取信息。

（9）probe（探测），在科学领域，可能指用特定的方法或工具来探测或检测。

这些词汇在不同的上下文中可能有不同的含义和用途，选择哪个词取决于具体的情境和所要表达的意思。

附录：对学生练习的建议

1. 让正在写科研论文的学生，以 PPT 的形式，在课堂上讲述自己文章的实验部分，并对照模板提示，讨论实验部分在写作和内容方面需要加强的地方。学生可以根据课堂的反馈意见，对实验部分进行修改，然后，再次讲述修改后的实验部分，并获得再次反馈。学生可以根据进一步的反馈，进行二次修改。
2. 给学生提供文献，让他们根据模板的提示，指出实验部分在写作方面的优点和不足之处，并在课堂上以 PPT 的形式讲解，与其他同学讨论和交流。

第五章　结 果 部 分

结果部分的主要目的是客观地呈现实验数据及观察到的现象，以便研究者能够据此检验研究初始的假设或预期是否得到证实。在这一部分中，通常需要借助图表和统计分析来展示实验结果，同时避免对数据做出过多的解释或价值判断。结果部分构成了讨论部分的基础，并为研究结论提供了坚实的证据基础。清晰准确地展示结果，不仅有助于提升研究的透明度，还能增强实验的可靠性和可重复性。以下是在撰写结果部分时应注意的几个关键点。

第一节　结果部分模板

模板一

1. 简述样品制备过程

2. 结果数据

（1）数据 1
（2）数据 2
（3）数据 3

3. 结果分析

（1）分析 1
（2）分析 2
（3）分析 3
或者，每个分析部分紧跟各个结果部分。

模板二

1. 简述样品制备过程

2. 数据与分析

（1）数据结果与分析 1
（2）数据结果与分析 2
（3）数据结果与分析 3

第二节　数据收集与呈现

数据的收集往往与实验设计密切相关，为了便于收集数据，在开始实验之前，应该有一个明确的实验设计，包括实验步骤、所需收集的数据类型以及数据收集方法，尽量采用标准化的实验操作，这样有助于减少误差，提高数据的一致性。多次进行实验可以验证结果的重复性，确保数据不是偶然现象。

收集的数据要经过一个清洗过程，以去除错误数据、异常值和重复数据，提高数据的准确性和可靠性。可以使用统计方法来检查数据的质量，如检查数据分布、异常值处理和数据完整性。

数据的呈现通常以图表的形式，使用不同的图表，如条形图、折线图、散点图等，来直观地展示数据，使读者能够快速理解结果。原始数据、统计数据和重要的测量结果也可以表格形式来呈现。当需要用图形来展示实验过程或外观时，应确保照片清晰，标注明确。对于有些图片，如电子显微镜照片，应带有比例尺，以提供尺寸信息。

以下是科技文章常用到的图表类型。

（1）柱状图（bar chart）：也称为条形图，通过矩形条的高度来表示数据类别或变量的数值，每个矩形条代表一个数据集或者数据集中的一个类别，矩形条的高度通常与其表示的数值成比例（图 5-1）。柱状图可以垂直排列，也可以水平排列，分别称为垂直柱状图和水平柱状图。

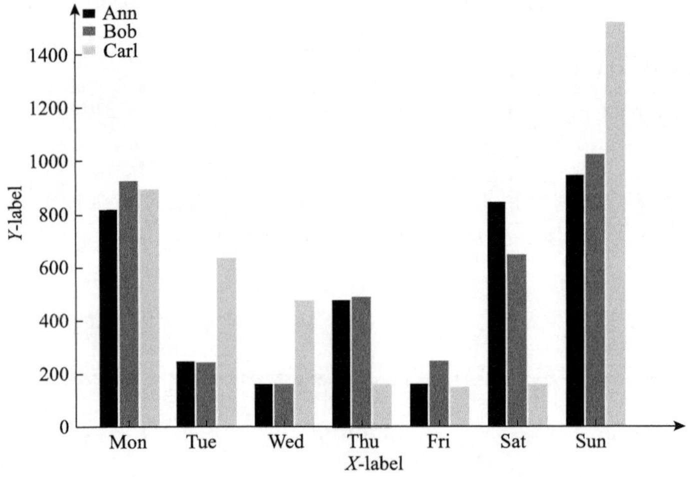

图 5-1　柱状图

柱状图适合比较不同类别或组的数据，可以直观地通过比较矩形条的高度来评估数值的大小。常用于展示分类数据，其中每个矩形条代表一个类别，如不同年份的销售数据、不同地区的收入水平等。柱状图也可以用来显示某个变量的分布情况，例如，展示不同年龄段人群的数量分布。柱状图直观易懂，即使是那些没有统计学背景的人也能快速理解图表所表达的信息。通过分组柱状图或堆叠柱状图，可以同时展示多个变量的数据，以便进行更复杂的分析。柱状图的方向（垂直或水平）和颜色可以用来强调特定的数据点或类别，增强图表的表现力。

（2）折线图（line chart）：常用于表示数据随时间、序列或类别而变化的趋势。在折线图中，横轴（*X* 轴）通常代表时间、序列或其他类别变量，而纵轴（*Y* 轴）代表数量或比率等数值变量（图 5-2）。每个数据点代表在特定时间点或类别上的数值，线段则连接这些数据点，以展示数据的变化趋势。

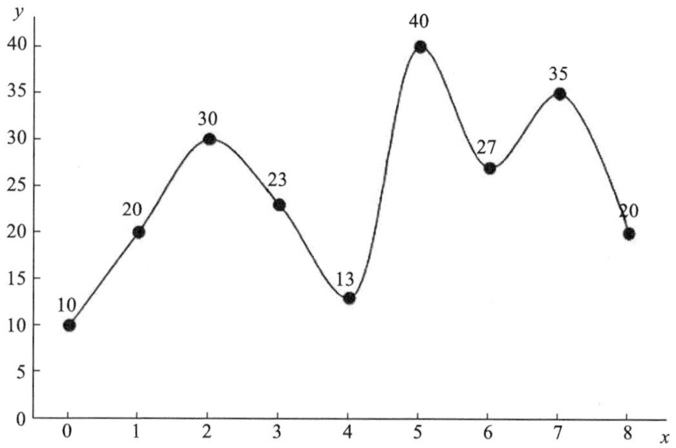

图 5-2 折线图

折线图非常适合展示数据随时间的变化趋势，如股票价格、气温变化、销售数据等。可以通过在同一个图表中绘制多条折线来比较多个变量或组的数据趋势。折线图能够很好地展示数据的连续性，使观察者能够更容易地看出数据的变化模式。折线图中的趋势线有时用于预测未来的数据走势，尤其是在时间序列分析中。每个数据点可以用符号（如圆点、三角形等）标记，以突出显示具体的数值。在交互式图表中，折线图可以提供更多的信息，如悬停显示具体数值、点击查看详细数据等。

（3）误差线图（error bar chart）：展示了数据点的统计误差或不确定性。在误差线图中，每个数据点通常由一个圆点或一定形状的点来表示，而误差线则从数据点延伸出去，表示数据点的可信区间或估计误差（图 5-3）。这个区间通常包括数据的平均值，有时也包括最小值和最大值。

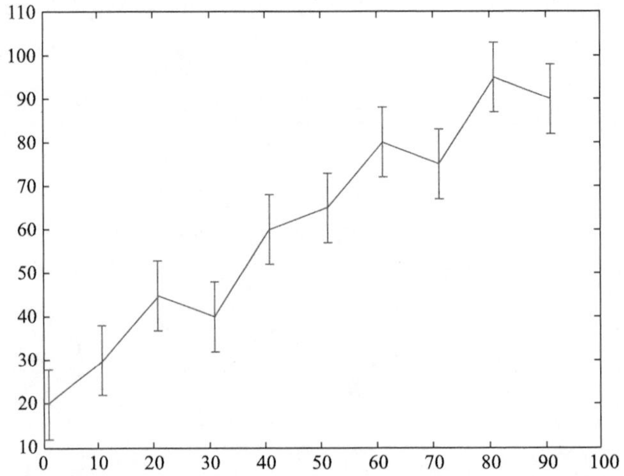

图 5-3　误差线图

误差线图能够直观地展示数据点估计值的不确定性，这对于理解数据的可靠性和比较不同数据集的差异非常重要。在同一图表中可以比较多个数据集或实验条件，通过误差线的长度来比较它们的统计显著性。在科学研究中，误差线图常用于展示实验结果，如生物学、化学、物理学等领域的实验数据。在时间序列数据中，误差线可以用来表示预测值的不确定性，帮助观察数据随时间的变化趋势。在交互式图表中，用户可以通过点击或悬停来查看具体的误差信息，增强图表的可读性和信息量。

（4）直方图（histogram）：通过一系列的直方柱来表示数据在不同区间或范围内的频率分布（图 5-4）。直方图中的每个直方柱代表一个特定的区间（或称为“桶”），而柱的高度则表示该区间内数据点的数量。

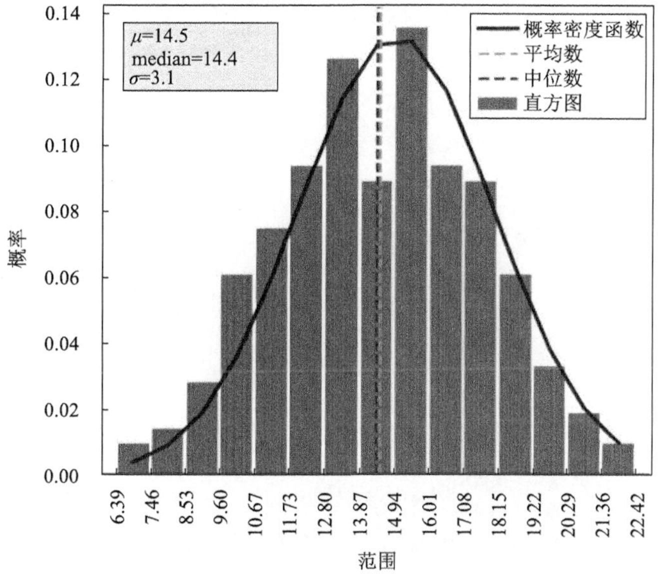

图 5-4 直方图

直方图可以显示数据集中各个数值的分布情况，包括数据的集中趋势、离散程度和偏斜程度等。它们特别适用于连续数据的分布展示，可以展示数据分布的形状，如是否对称、是否有峰值等。直方图通过定义不同的区间来展示数据分布，这些区间可以是等宽的，也可以根据数据的特性进行自定义。通过观察直方图，可以容易地识别出数据中的异常值或离群点，因为它们通常会在直方柱之外。在数据分析和可视化过程中，直方图常用于数据预处理，如数据标准化、数据清洗等。

（5）饼图（pie chart）：用于展示数据集的各个部分在整体中的比例或构成。在饼图中，整个圆被划分为多个部分，每个部分代表数据集中的一个类别或值，其大小和位置通常与其在整体中的比例相关（图 5-5）。

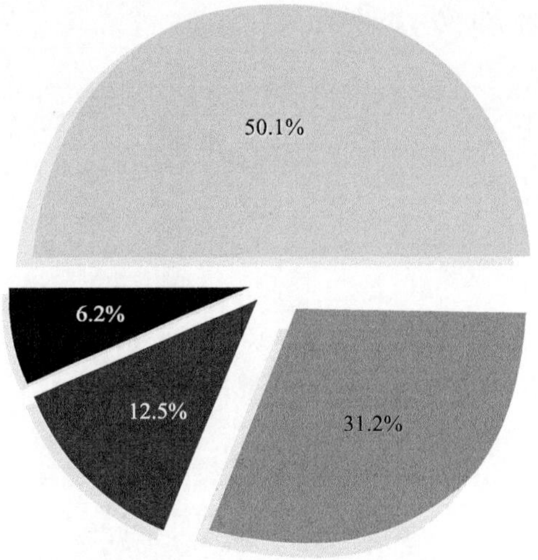

图 5-5 饼图

饼图非常适合展示数据集中各个部分的比例，帮助观察数据在不同类别或值中的分布情况。在同一个饼图中，可以展示多个类别的数据分布，从而进行比较和分析。在饼图中，每个部分通常使用不同的颜色来区分，以增加视觉上的区分度。饼图直观易懂，但有些统计学家建议避免过度使用，因为它们可能无法准确反映数据的绝对值大小。

（6）箱线图（boxplot）：也称为盒形图，是一种统计图表，用于展示数据集的分布情况，包括中位数、四分位数和异常值（图 5-6）。箱线图由五个主要部分组成。①中位数：箱线图的中心线，表示数据集中的中间值。②上四分位数（Q_3）：数据集中 75%的数据点所处的位置。③下四分位数（Q_1）：数据集中 25%的数据点所处的位置。④箱体：Q_1 和 Q_3 之间的区域，表示数据的中间 50%。箱体的宽度表示数据的离散程度。⑤异常值：数据点位于箱体之外的部分，表示数据中的极端值。

箱线图可以直观地展示数据的中位数、四分位数和异常值，帮助理解数据的中心趋势和分布形状。通过箱线图，可以轻松识别数据中的异常值，即那些远离大多数数据的值。可以在同一个箱线图中比较多个数据集，通过箱体的大小和位置来判断数据的差异。箱线图适用于数值型数据，包括正态分布和非正态分布的数据。

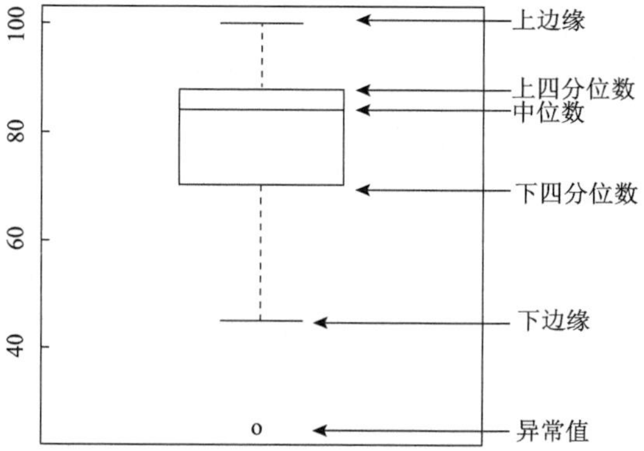

图 5-6 箱线图

（7）散点图（scatter plot）：又称点图，是一种展示两个连续变量之间关系的图表（图 5-7）。在散点图中，每个数据点代表一个观测值，横轴（*X* 轴）和纵轴（*Y* 轴）分别代表这两个变量的数值。

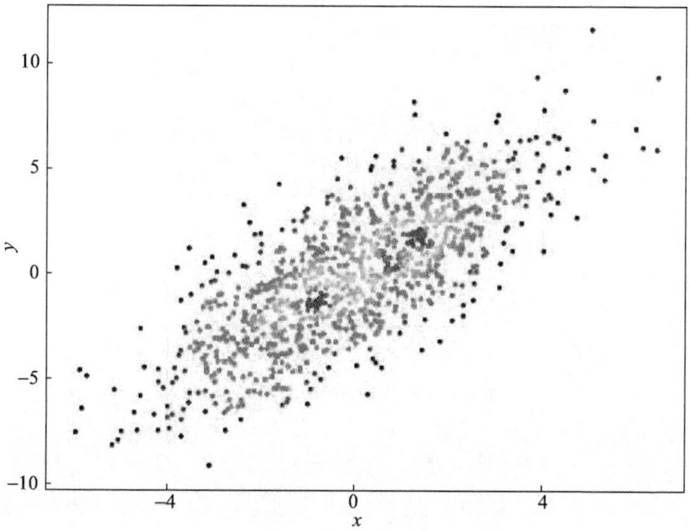

图 5-7 散点图

通过散点图，可以直观地观察两个变量之间的关系，判断它们是否存在线性关系、非线性关系或无明显关系。散点图可以帮助识别数据点的趋势，如上升、下降或随机分布。在散点图中，异常值通常表现为离群点，即那些远离大多数数据点的点。在数据分析和建模之前，散点图可以帮助识别和处理异常值。散点图是数据可视化的一种基本形式，广泛应用于科学研究和商业分析。

（8）热图（heatmap）：使用颜色来表示数值的大小，通常用于展示矩阵数据或大型数据集的密度和分布（图 5-8）。在热图中，颜色通常从一种基色（如蓝色）渐变到另一种基色（如红色），其中基色表示数据中的最小值，而渐变后的颜色表示数据中的最大值。

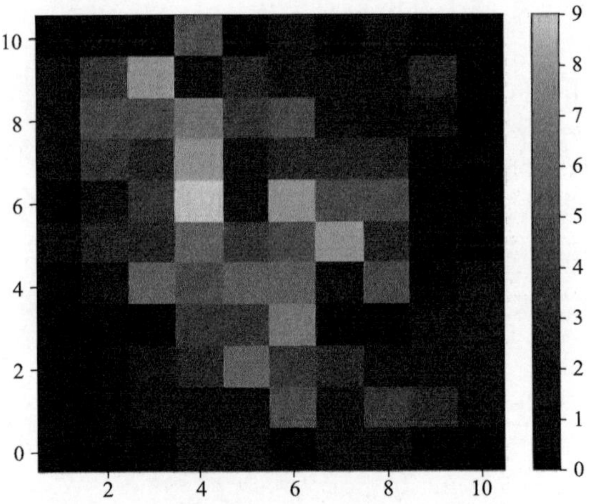

图 5-8 热图

热图通过颜色的深浅来表示数据点在矩阵中的密度，使观察者能够快速识别数据中的热点区域。热图可以同时展示多个变量之间的关系，适用于高维数据的可视化。现代热图通常具有交互性，允许用户通过点击、缩放等操作来探索数据。热图可以帮助识别变量之间的相关性，如通过颜色梯度显示的聚类或分组。热图可以展示时间序列数据中的动态变化，通过颜色的变化来表示时间点的数据变化。

（9）三维图（3D graph）：是一种在三维空间中展示数据点或数据集的图形表示（图 5-9）。与二维图相比，三维图能够提供更多的视觉信息，使观察者能够从不同角度和维度理解数据。三维图通常包括一个或多个旋转的曲面、曲线的立体表示，以及用于指示数据点的颜色或标记。

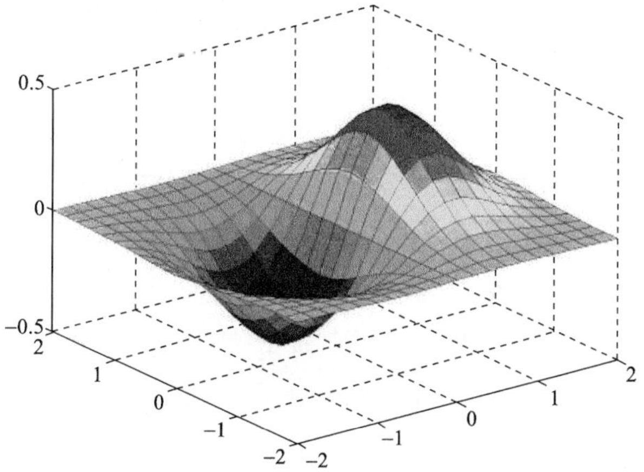

图 5-9 三维图

三维图能够帮助观察者更好地理解数据在三维空间中的分布和关系，如体积、形状和方向。三维图适合展示和比较多个变量之间的关系，尤其是在需要考虑第三个维度的场景中。三维图可以创建更加吸引人的视觉效果，如旋转的曲面和动态的动画，使数据更加生动和直观。对于复杂的数据集，三维图可以提供更多的视觉线索，帮助识别数据中的模式和异常。

（10）动态图（dynamic or animated graph）：是一种通过时间序列或交互性来展示数据变化和关系的图形表示（图 5-10）。与静态图相比，动态图能够提供数据的动态变化过程，使观察者能够看到数据随时间或不同条件的变化趋势。

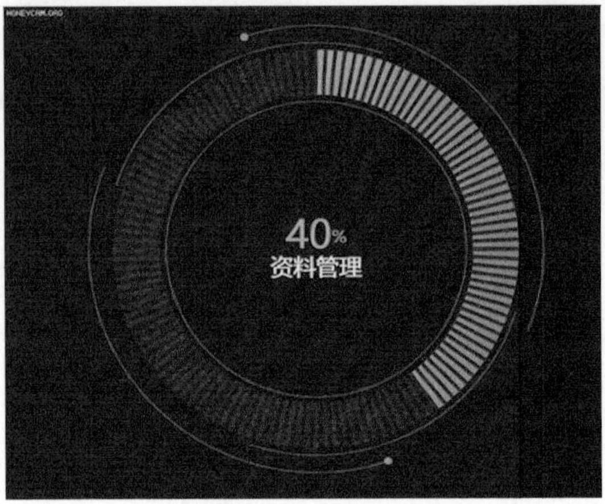

图 5-10 动态图

动态图非常适合展示随时间变化的数据，如股票价格、气温变化、社交媒体趋势等。动态图通常具有交互性，允许用户通过点击、拖动、缩放等操作来探索数据。动态图可以展示数据随时间或不同条件的变化过程，使观察者能够更好地理解数据的变化趋势和模式。动态图通常更加吸引人的视觉表现，能够提高用户的参与度和对数据的兴趣。

第三节 图表制作的原则及常见错误

科技期刊、杂志对图表的质量有很高的要求，特别是顶级的期刊，要求图表不仅清晰美观，而且色彩搭配合理，体现出很高的艺术效果。一般来说，图表的制作应遵循以下原则。

【清晰性】 图表应清晰、易于理解，避免使用复杂的术语或概念。

【准确性】 图表应准确反映数据的真实情况，避免误导性。

【简洁性】 只包含与分析目标直接相关的数据和信息。

【一致性】 确保图表中的元素（如颜色、字体、轴标签等）保持一致。

【合理性】 尽量避免红色与绿色等色盲和色弱患者难以区分的颜色搭配。

【美观性】 适当的颜色、字体和布局可以使图表更加吸引人，帮助观察者更好地理解数据。

【互动性】 考虑使用交互式图表，可进行点击、拖动等操作，增加用户参与度。

目前，大多数的期刊都要求作者直接提供高质量的图表，发表时，不再对原始图表进行修改和剪辑。因此，作者在撰写文章时，应熟悉目标期刊的图表风格和质量标准，力求制作出与期刊质量相匹配的图表。

以下是在制作图表时的一些常见错误。

（1）图片不清晰或图中的字体过小（图 5-11）。

图 5-11 图片不清晰或字体过小

（2）缺乏图例或图例不明确（图 5-12）。

（3）过多的数据点或信息（图 5-13）。

（4）不恰当的图表类型（图 5-14）。

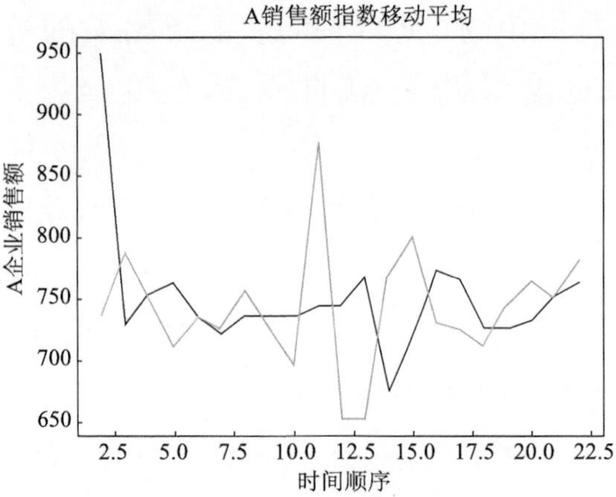

图 5-12　缺乏图例或图例不明确

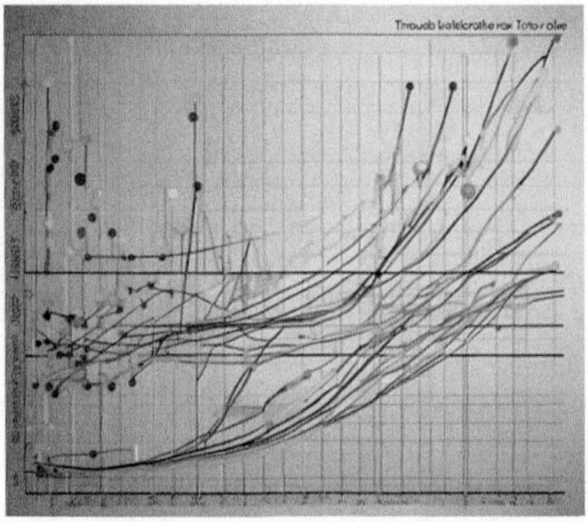

图 5-13　过多的数据点或信息

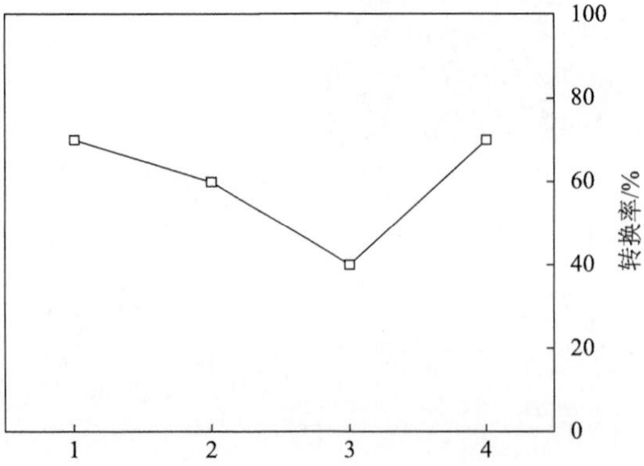

图 5-14　不恰当的图表类型

（5）缺乏轴标签或标题（图 5-15）。

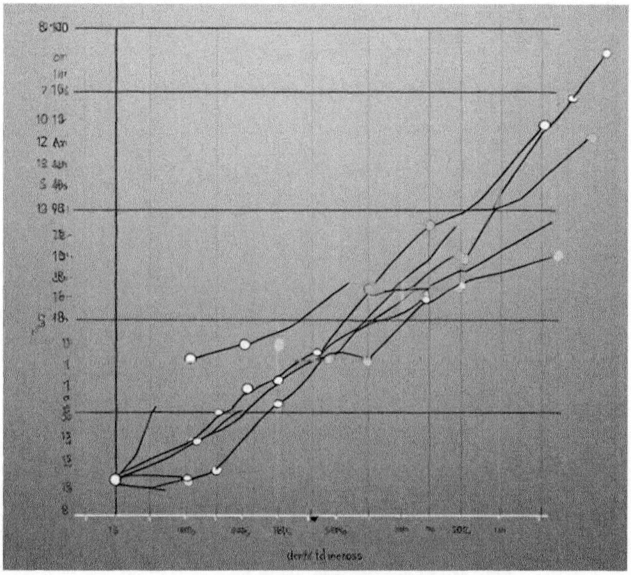

图 5-15 缺乏轴标签或标题

（6）颜色使用不恰当（图 5-16）。

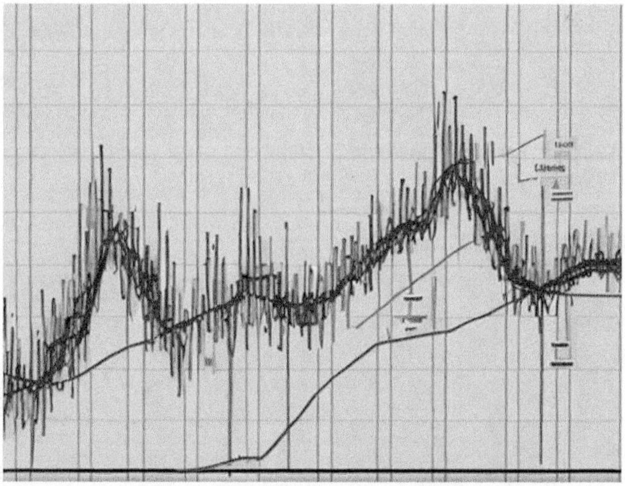

图 5-16 颜色使用不恰当

（7）含有不必要或过多的装饰性元素（图 5-17）。

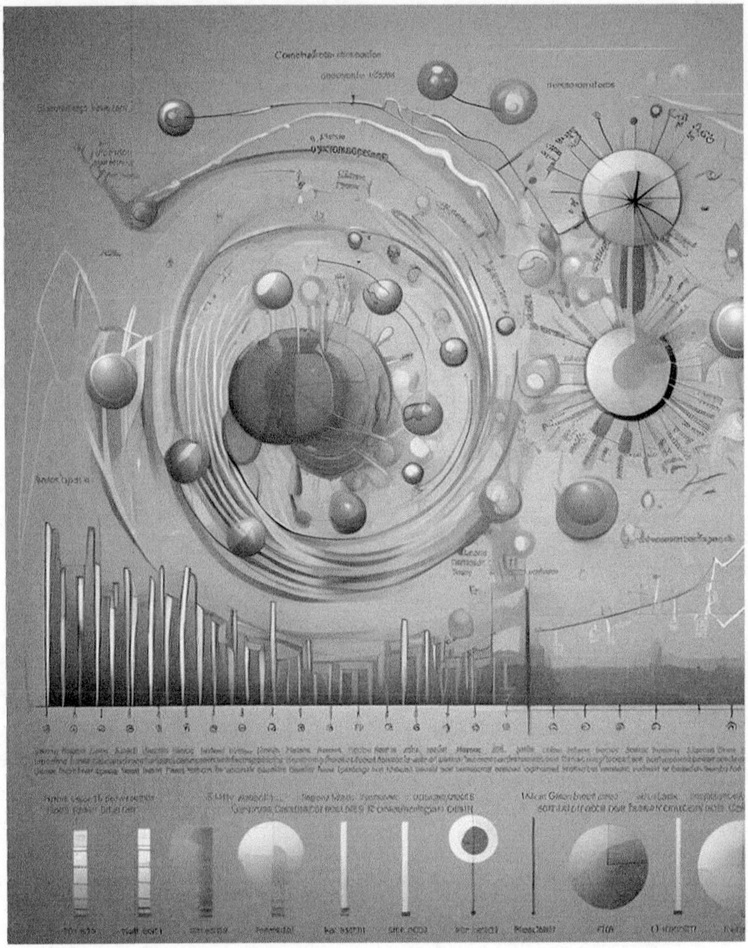

图 5-17 含有不必要或过多的装饰性元素

（8）多图大小不一、排列不整齐（图 5-18）。

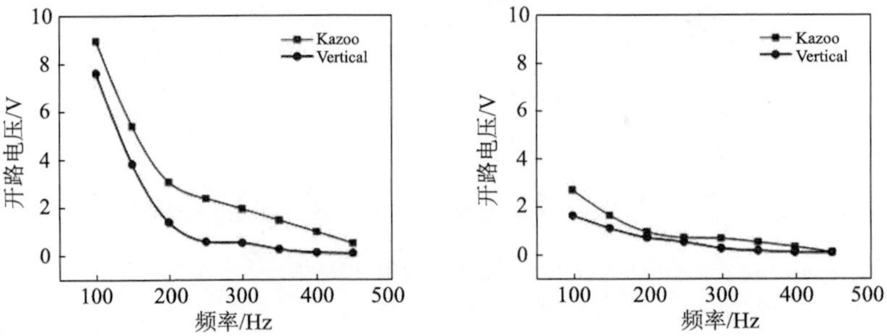

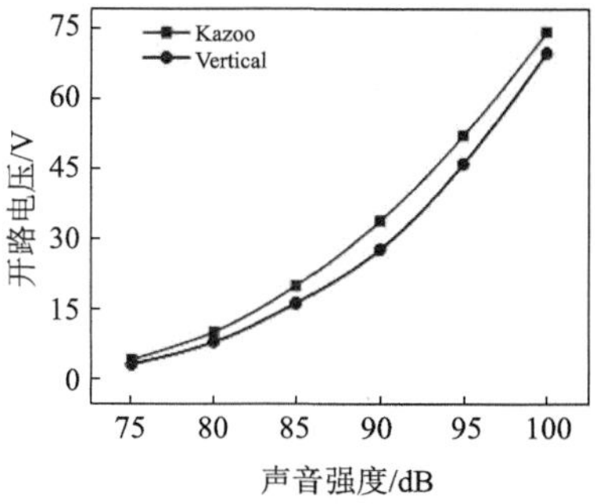

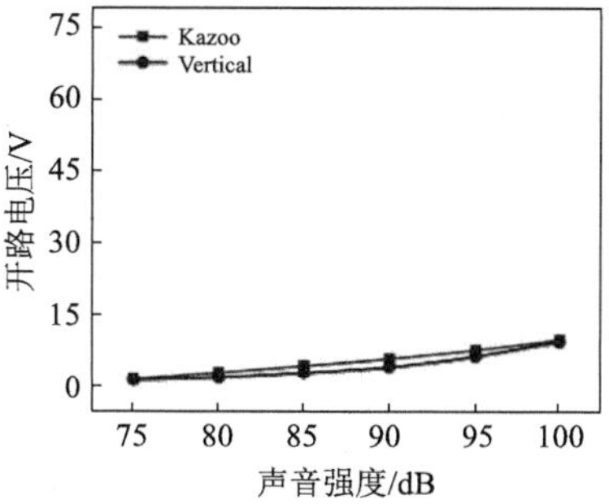

图 5-18 多图大小不一、排列不整齐

（9）不一致的数据格式：单位不统一；日期格式不一致；数字格式不一致，例如一些数据点后面有逗号作为千位分隔符，而其他数据点则没有；百分比和小数混合；数据标签格式不一致，如图表中的数据标签在字体、大小、样式上不统一；图例和数据不一致，图例中的描述与图表中的实际数据不符；颜色使用不统一，在同一图表中，同一种颜色代表不同的数据集；数据点的标记不统一，在散点图中，相同的数据集使用不同的符号表示，或者不同的数据集使用相同的符号。

（10）含有错误的数据：略。

（11）不遵守期刊的图表规范：略。

第四节 数 据 分 析

数据分析展示了研究者如何处理和解释数据，它是研究人员科研水平和分析能力的体现。数据分析能够展示实验数据之间的联系和规律性，为进一步的解释、理论理解，以及新理论的提出打下基础。以下是科研论文中常用的数据分析方法。

【描述性统计分析】 包括计算平均值、中位数、标准差、方差、相关系数等，为最为常用的数据分析方法，描述数据的基本特性，如中心趋势、离散程度和分布形状。

【假设检验】 如 t 检验、ANOVA（方差分析）、卡方检验等，用于确定数据中的差异是否具有统计学意义，常用于物理学、工程、医学研究、环境科学、生物统计学、心理学、经济学、社会科学等领域的研究。

【相关性分析】 如皮尔逊相关、斯皮尔曼等级相关等，用于分析两个变量之间的线性或非线性关系，常用于物理学、生物医学、环境科学、生物统计学、心理学、经济学、社会科学和教育学等领域的研究。

【回归分析】 是一种统计方法，用于评估一个或多个自变量（独立变量）与因变量（依赖变量）之间的关系。其目的是建立一个数学模型，用以预测或解释因变量的值。回归分析的结果通常表现为一个或多个自变量与因变量之间的统计关系，以及一个量化这些关系的数学方程，用于预测一个变量基于一个或多个其他变量的变化。

【时间序列分析】 用于分析数据随时间的变化趋势和模式。

【因子分析】 是一种统计方法，用于识别和提取变量间的共同因素，这些共同因素可以解释多个变量之间的相关性。常用于降维，即从多个相关变量中提取出少数几个因子，这些因子能够反映原始变量的绝大部分信息。因子分析的应用领域非常广泛，包括心理学、社会学、市场研究、产品开发等。

【聚类分析】 用于将数据点分组或分类，以识别相似的模式或群体。是一种无监督学习方法，用于将一组数据点或对象根据它们的相似性分组或分类。在聚类分析中，研究者不会事先知道要划分的类别，而是让算法自动发现数据中的自然分组，常用于市场分析、社会网络分析、图像处理、生物信息学等。

【主成分分析（PCA）】 是一种统计方法，用于通过正交变换将原始数据转换为一组各维度线性无关的变量，这些变量按方差大小顺序排列，称为主成分。PCA 的主要目的是降维，即从原始数据中提取出最重要的特征，同时尽可能保留数据的信息。PCA 常用于数据预处理、特征提取、可视化、降维等。在数据预处理中，PCA 可以用于去除噪声和异常值的影响。

【机器学习】 模型可以从数据中学习得出，并能做出预测或决策，主要用于数据挖掘、自然语言处理、图像识别、推荐系统、数据分类、预测和模式识别等。

在数据探索和分析过程中，选择恰当的分析技术往往需要考虑数据的特性和研究的核心目标，无论是选择传统的统计分析，还是现代的机器学习技术，都应秉持一个核心原则——透明度。这要求我们在分析过程中详细记录每一个步骤，包括所采用的算法、参数设置以及任何中间结果，这样的记录不仅确保了分析过程的可重复性，还增强了其可靠性。

此外，在处理敏感信息或个人信息时，必须严格遵守数据隐私和安全规范，以保障数据的安全性和合规性，这不仅是法律的要求，也是对数据主体权益的尊重。

为了验证分析结果的准确性，我们应当采用多种验证方法，如交叉验证和性能比较，以确保我们的结论是稳健的。通过这种方式，我们可以获得更全面、更深入的洞察，从而在复杂的数据世界中导航，找到问题的答案。

在论文中，应包括对数据分析方法的描述，一般来说，应包括解释选择特定数据分析方法的原因和适用性。详细描述分析过程中使用的参数、算法设置和工具，这可能包括软件工具、编程代码、数据集和其他相关文件。介绍数据清洗、缺失值处理和数据标准化等步骤。方法的描述，应提供足够的细节，以便其他研究者能够复制分析过程。通过详细描述数据分析方法，可以使读者更好地理解研究结果，并评估研究的有效性和可靠性。

以下是一些常用的数据分析工具的推荐。

【Excel】

优点：用户界面友好，功能全面，适合初学者和日常数据分析。

用途：数据录入、基本统计分析、数据可视化、简单预测建模。

【R】

优点：开源，拥有丰富的包和社区支持，适合进行复杂的数据分析和统计建模。

用途：统计分析、数据可视化、机器学习、深度学习。

【Python】

优点：开源，灵活性强，适合数据科学和机器学习项目。

用途：数据清洗和预处理、数据可视化（使用 Matplotlib、Seaborn 等库）、机器学习（使用 scikit-learn、TensorFlow、PyTorch 等库）。

【SPSS】

优点：用户界面友好，适合专业的统计分析。

用途：描述性统计、推断性统计、预测建模。

【SAS】

优点：强大的商业统计软件，适合大型数据集的处理。

用途：高级统计分析、数据挖掘、商业智能。

【Tableau】

优点：强大的数据可视化工具，适合商业智能和数据报告。

用途：数据可视化、交互式报表、数据探索。

【Power BI】

优点：易于使用，集成 Microsoft 生态系统，适合企业级数据报告和分析。

用途：数据连接、数据可视化、交互式报告。

【MATLAB】

优点：适合工程和科学计算，具有强大的数值计算能力。

用途：数值计算、图像处理、算法开发。

【JMP】

优点：结合了统计分析的深度和数据可视化的直观性。

用途：统计分析、数据可视化、预测建模。

【QlikView/Qlik Sense】

优点：强大的数据整合和可视化能力，支持复杂的业务智能应用。

用途：数据挖掘、商业智能、交互式分析。

选择合适的工具时，应该考虑自身的数据分析技能水平、数据的大小和复杂性，以及需要的特定功能。这些工具中很多都提供了免费版本或试用版，可以尝试使用它们来确定哪个工具最适合使用需求。

第五节 结果描述

清晰地描述研究结果有助于帮助读者深入理解研究发现，它为后续的讨论和结论打下了坚实的基础。描述结果可以采用以下原则。

（1）逻辑顺序：按照一定的逻辑顺序来陈述结果，如首先呈现视觉观察结果（包括显微镜照片），然后是测量结果，定性描述应优先于定量结果的描述，个别案例的描述应优先于规律性的描述（如结构与性质之间的关系）。

（2）客观性：应客观地反映实验数据和观察到的现象，避免引入主观解释或评价。

（3）清晰性：避免使用模糊不清的语言，便于读者能够准确理解研究发现的具体内容。

（4）完整性：报告所有重要的结果，包括那些支持研究假设的结果，以及任何负面或意外的发现。这有助于展示研究的全面性，为读者提供一个全面的视角。

第六节　描述结果常用到的一些英文单词

1. 英文中描述增加的单词

英文中描述增加的单词见表 5-1。

表 5-1　英文中描述增加的单词

动词	形容词
increase	increased
enhance	enhanced
amplify	amplified
enlarge	enlarged
expand	bigger
augment	larger
raise	expanded
grow	augmented
rise	raised
elevate	heightened

2. 描述减少的单词

描述减少的单词见表 5-2。

表 5-2 描述减少的单词

动词	形容词
decrease	decreased
reduce	reduced
diminish	diminished
lower	lowered
shrink	smaller
contract	lesser
decline	minimized
drop	abbreviated
curtail	weakened
scale down	downsized

附录：

1. 让正在写科研论文的学生，以 PPT 的形式，在课堂上讲述自己文章的结果部分，并对照模板提示，讨论结果在内容方面需要加强的地方。学生可以根据课堂的反馈意见对结果进行修改，然后，再次讲述修改后的结果部分，并再次获得反馈。学生可以根据进一步的反馈进行二次修改。
2. 给学生提供文献，让他们根据模板的提示找出结果的各个内容部分，并指出其中的优点和不足之处，并在课堂上以 PPT 的形式讲解，与其他同学讨论和交流。

第六章　解释与讨论

讨论部分架起了研究成果与学术领域广泛知识之间的桥梁，在这一部分中，作者通过批判性的分析和论述，深入阐释了研究结果的内涵，同时揭示了这些发现与现有文献之间的紧密联系，展现了作者对研究领域的深刻洞察力和理论把握。

第一节　撰写讨论的基本原则与模板

科研论文中的讨论是在深入阐释和分析研究结果的基础上进行的，通过将现有研究成果与文献对比，将本研究结果置于广阔的学术背景中进行审视，并明确回答研究结果与研究目标之间的一致性，详细探讨研究发现的深层含义、研究所遭遇的局限，以及未来研究的潜在路径。在撰写讨论部分时，可以参照以下模板进行。

（1）概述研究结果：简要总结研究的主要发现，并说明这些发现是否符合最初设定的研究目标与预期，以及它们对研究问题的解答程度。

（2）与现有文献比较：将研究发现与相关文献进行比较和对

比，讨论所获得结果与先前研究的一致或不同，指出结果对研究领域的贡献，包括一致性、差异或新的见解。

（3）解释和解读：提供对结果的详细解读，解释数据中观察到的模式、趋势或关系，使用理论概念或模型来解释所观察到现象背后的因果关系。

（4）理论内涵：描述研究发现如何贡献于或挑战现有理论或模型，讨论结果如何揭示该领域内更广泛的概念框架。

（5）现实意义：探讨本研究的发现对于理论发展、实践应用和政策制定的潜在影响，讨论研究结果如何增进对相关领域的理解，以及它们对现实世界问题的可能贡献。

（6）局限性：坦诚地指出并讨论该项研究固有的局限性，包括研究方法的限制、潜在偏差以及误差来源。通过这种自我反思和批判性评估，确保研究的透明度和可信度。这不仅符合学术诚信的要求，而且有助于构建一个连贯、可靠的知识体系。

（7）替代解释：描述对研究结果的其他解释，讨论有可能影响结果的其他因素或变量，并解释为什么原先的解释更加可信。

（8）进一步的研究方向：基于现有研究结果和发现，指出进一步的研究方向。例如，有哪些问题还没有回答？需要通过哪些新的研究途径或扩展来进一步深化对该研究的理解？

（9）总结：概述以上讨论的关键要点，强调该研究的更广泛意义，以及该研究在推进该领域发展中的重要性。

第二节 具体案例

【Summary of Findings】Our study aimed to investigate the effects of mindfulness meditation on stress reduction in healthcare professionals. The results showed a significant decrease in perceived stress levels and an improvement in overall well-being among participants who engaged in mindfulness meditation compared to those in the control group.

我们的研究旨在探讨正念冥想对卫生保健专业人员减压的影响。结果显示，与对照组相比，参加正念冥想组的参与者感到的压力水平显著下降，整体幸福感得到改善。

【Comparison with Existing Literature】These findings are consistent with previous research that has demonstrated the beneficial effects of mindfulness on stress reduction and mental health. Several studies have shown that mindfulness meditation can lead to reduced cortisol levels, improved mood, and increased emotional resilience.

这些发现与以往的研究结果一致，证明了正念对减轻压力和心理健康的有益影响。多项研究表明，正念冥想可以降低皮质醇水平，改善情绪，增强情绪韧性。

【Interpretation and Explanation】The positive outcomes observed in our study can be attributed to the ability of mindfulness meditation to enhance awareness and acceptance of thoughts and emotions, which in turn reduces the physiological and psychological responses to stress. Mindfulness may also promote a sense of self-compassion and relaxation, contributing to improved well-being.

我们的研究中观察到的积极结果是由于正念冥想能够增强对思想和情感的觉察和接纳，从而减少身体和心理上的压力反应。正念还可以促进自我同情和放松，有助于提高整体幸福感。

【Theoretical Implications】Our findings support the theoretical framework that mindfulness meditation can be an effective tool for stress management. By promoting awareness and acceptance, mindfulness may help individuals develop a more adaptive approach to stress, which can have long-term benefits for their mental and physical health.

我们的发现支持正念是一种有效的压力管理工具的理论框架。通过培养觉察和接纳，正念可以帮助个人发展更适应压力的应对方式，从而长期有益于他们的心理健康。

【Practical and Real-World Implications】The results of our study have important implications for the healthcare industry, where stress is a common and significant issue. Implementing mindfulness meditation programs in healthcare settings could potentially improve the well-being of healthcare professionals, leading to enhanced patient care and reduced rates of burnout.

我们的研究对医疗保健行业有重要的启示，因为在医疗保健行业中压力是一种常见而重大的问题。在医疗保健环境中实施正念冥想项目可能会提高卫生保健专业人员的幸福感，从而提高对患者的护理水平，降低倦怠率。

【Limitations】Our study had several limitations, including the relatively small sample size and the lack of a long-term follow-up. Additionally, the study was conducted in a specific healthcare setting, which may limit the generalizability of the results to other contexts.

我们的研究存在若干局限性，包括样本相对较小、缺乏长期随访。此外，本研究是在特定的医疗保健环境中进行的，这可能限制了其结果在其他环境中的适用性。

【Alternative Explanations】Alternative explanations for the observed effects could include the placebo effect or the possibility that participants may have engaged in other stress-reduction techniques alongside mindfulness meditation. However, these alternative explanations were not supported by our study design, which controlled for potential confounding factors.

替代解释可能包括安慰剂效应，或者参与者可能在参加正念冥想的同时参与采用其他减压技巧。然而，这些替代解释在我们的研究中没有得到支持，因为我们控制了潜在的混杂因素。

【Future Research Directions】Future research should examine the long-term effects of mindfulness meditation on stress reduction and explore the underlying mechanisms by which it exerts its benefits. Additionally, studies with larger sample sizes and diverse populations are needed to establish the generalizability of our findings.

未来的研究应该探索正念冥想对减压的长期影响，并探索其作用机制。此外，需要更大样本量、不同人群的研究来构建我们的发现的普遍性。

【Conclusion】In conclusion, our study provides evidence that mindfulness meditation can effectively reduce stress in healthcare professionals. By incorporating mindfulness into healthcare settings, we may be able to improve the well-being of healthcare providers and enhance their ability to provide high-quality patient care.

总之，我们的研究表明，正念冥想可以是一种有效的干预措施，用于减轻卫生保健专业人员的压力。通过将正念融入卫生保健环境中，我们可能会提高卫生保健专业人员的幸福感，并增强他们提供高质量患者护理的能力。

第三节　提高讨论的说服力

具有说服力的讨论往往具有以下特点：①论据充分且相关，使用具体例子和数据来支持观点；②对相反的观点进行充分的探讨；③逻辑清晰，每个观点都建立在之前的基础上；④语言简洁明了。因此，可以采用以下技巧来提升讨论部分的说服力。

（1）结构明确：确保讨论部分有一个清晰的结构，讨论时从最弱的论点开始，然后过渡到最强的论点，或者从最普遍接受的事实开始，过渡到最有争议的结论。

（2）证据支持：提供充分的证据来支持你的观点，包括实验数据、统计分析、先前的研究结果、案例研究等。

（3）逻辑推理：使用逻辑推理来引导读者，从已知的事实到研究所得到的结论，确保每个论点都建立在前一个论点的基础上，形成一个连贯的论证链条。

（4）考虑反面证据：承认并讨论与你的观点相反的证据或论点，然后解释为什么这些证据不成立，或者为什么你的观点更有说服力。

（5）引用权威文献：引用该领域的权威文献来支持你的观点，这可以增加你的论点的可信度。

（6）清晰的语言：使用清晰、准确的语言来表达你的观点，避免模糊不清或过于复杂的句子结构。

（7）情感共鸣：在适当的情况下，使用情感诉求来吸引读者的共鸣，但要确保情感诉求是基于事实和逻辑的。

（8）建议和未来方向：如能基于你的研究结果提出具体的建议或未来研究方向，可表明你的研究具有实际应用价值，对未来知识具有贡献的潜力。

第四节　阐述研究发现的内涵

在讨论时，需要阐述自己所获得的研究发现的内涵，如何清楚地描述自己的发现，可以采取以下步骤。

（1）明确描述研究发现，包括任何意外的，以及与假设不一致的结果。

（2）解释这些研究发现的意义：解释每一个发现意味着什么，它如何影响现有的知识或理论，以及它对实践可能产生的影响。

（3）将研究发现放在更大的背景中，说明它们是如何与当前的研究趋势、学术讨论或实践问题相关联的。

（4）将你的发现与现有的文献结果进行比较，指出你的研究是如何证实、扩展或挑战现有的知识的。

（5）如果可能，讨论潜在机制，探讨导致这些发现的潜在机制或过程，以帮助读者理解为什么这些结果会发生。

（6）考虑研究的局限性，指出具体的局限性，并解释这些局限性可能对解释研究发现产生的影响。

（7）最后，讨论你的发现对理论和实践领域的具体影响，包括对未来研究可能产生的指导作用。

表 6-1 是一个例子。

表 6-1 阐述研究发现的内涵的例子

步骤	内容示例
1. 明确描述研究发现	在研究某种新药对疾病的治疗效果时，发现新药在降低症状的同时，也出现了一些副作用。尽管这些副作用并不严重，但这是我们在假设中未预料到的
2. 解释这些研究发现的意义	这一发现意味着，虽然新药在治疗疾病方面具有显著效果，但在实际应用中，我们需要权衡其疗效和副作用。这可能会影响现有的治疗方案，促使医生在选择治疗方案时更加慎重
3. 将研究发现放在更大的背景中	当前，全球都在关注如何提高疾病治疗效果，同时降低治疗过程中的副作用。我们的研究为这一领域提供了新的证据，有助于推动未来研究方向的转变

续表

步骤	内容示例
4. 将你的发现与现有的文献结果进行比较	过去的研究主要关注新药的疗效，而忽略了副作用。我们的研究证实了新药的疗效，并揭示了其潜在的副作用，从而扩展了现有的知识
5. 讨论潜在机制	我们认为，新药的副作用可能是药物在体内的代谢过程与某些生物分子发生作用，导致的不良反应。这一机制有助于解释为什么新药在治疗疾病的同时也会产生副作用
6. 考虑研究的局限性	本研究样本量较小，可能无法完全反映新药在所有患者中的效果。此外，我们仅在短期内观察了新药的疗效和副作用，长期影响尚不清楚。这些局限性可能对解释研究发现产生一定的影响
7. 讨论你的发现对理论和实践领域的具体影响	我们的研究为疾病治疗领域提供了新的证据，有助于完善治疗方案。同时，我们建议未来研究关注新药的长期疗效和副作用，以期为患者提供更安全、更有效的治疗手段

讨论部分应涵盖所有重要的研究发现，具体包括以下内容。

【关键发现】 首先要重点讨论你的研究中最重要、最显著的结果，这些发现通常与你的研究问题或假设直接相关，可能包括你研究的主要目标或预期结果。

【意外或非预期发现】 如果有的话，也应该讨论任何意外或非预期的研究结果，这些发现可能揭示了你研究中的新趋势或问题，值得进一步探讨。

【支持性发现】 这些支持性发现结果可能不是主要的，但它们为你的研究提供了额外的证据或背景。

在讨论每个主要发现时，都应该与现有文献进行比较，指出与现有文献的一致和差异之处，这有助于展示你的研究是如何与该领域的其他研究相吻合或相悖的。

有时，需要将研究发现与现实问题联系起来，来展示研究的意义和实用性，体现研究的实际应用潜力。这需要：①首先识别现实问题，明确你的研究涉及哪些现实问题或挑战，如公共健康问题、环境问题、社会不平等、教育差距等。②解释研究的适用性，你的研究结果如何适用于解决或理解哪些现实世界问题，提供具体例子，说明你的研究如何在实际环境中产生影响。③讨论你的研究发现对实践工作者的意义，例如，对医生、教师、政策制定者或企业管理者，研究是否提供了新的策略、工具或见解？④基于你的研究结果，提出具体的建议或行动方案，以解决现实世界问题。⑤强调研究结果对社会的潜在价值，包括它可能如何提高生活质量、减少成本、提高效率等。

意外发现是否需要新的理论解释？这个问题需要对现有理论和研究结果有深入的理解。首先，要回顾相关的理论框架，看看它们是否能够合理地解释你的意外发现。如果现有理论无法提供满意的解释，那么可能需要考虑新的理论，查找并比较其他研究者的工作，特别是那些报告了类似或相反结果的研究，了解他们的理论依据和解释，以及这些解释是否适用于你的研究。检查你的数据是否一致支持意外发现，如果数据一致且具有统计学显著性，这可能表明你的发现不是偶然的，需要新的理论来解释。评估你的研究设计、样本选择、测量工具和方法是否可能导致意外的结果，如果这些因素不能完全解释你的发现，那么可能需要发展新的理论。与领域内的专家和同行讨论你的意外发现，他们的见解可能会提供新的视角，帮助你理解这些结果是否需要新的理论解释。

如果你的意外发现无法用现有理论解释，在尝试提出新的假设或理论框架时，应确保这些假设是可测试的，并且能够提供对你的发现的新解释。如果确定需要新的理论解释，可以考虑撰写一篇理论论文，详细阐述你的新理论框架，以及它如何解释你的意外发现和现有文献中的其他观察结果。

第五节 平衡讨论中的逻辑性和创造性

在讨论部分不仅要清晰地解释和辩护你的研究发现，还要求你展示创新思维和对领域的新贡献，如何平衡逻辑性和创造性至关重要，以下是一些建议。

（1）首先，要有一个清晰的逻辑框架，这包括从一个已知的事实或理论开始，逐步引导读者基于你的实验证据得出结论。这样的结构为你的创造性思维提供了坚实的基础。

（2）创造性解释：在这个逻辑框架内，尝试提供创造性的解释，或对数据的全新解读。这可能涉及将你的发现与不同领域的理论联系起来，或者提出新的概念或模型来解释你的结果。

（3）支持创新观点：如果你提出了创新的观点或理论，确保它们得到充分的支持，这包括引用相关文献、提供数据支持或进行合理的逻辑推理。

（4）批判性思维：在提出创新观点的同时，也要展现出批判性思维，这意味着要考虑反对意见，并坦诚地讨论你的观点可能面临的挑战和限制。

以下是一个具体例子。

假设你正在进行一项关于城市绿化对居民心理健康的影响的研究。你从已知的事实（如城市绿化可以提供休闲空间，吸收噪音和空气污染物）开始，逐步展示你的实验设计和数据收集过程，最后基于数据得出结论。这样的结构为你的创造性思维提供了坚实的基础。

在上述研究中，你可能会发现城市绿化对居民的心理健康有显著的正面影响，但你也会发现这种影响并不是对所有居民都一样。在这个逻辑框架内，你可以尝试提供创造性的解释，如提出一个新的社会生态模型来解释这些看似矛盾的结果。

如果你提出了一个新的社会生态模型来解释城市绿化对居民心理健康的影响，你需要确保这个模型得到充分的支持。这可能包括引用相关的环境心理学、城市规划和社会学文献，提供实验数据支持，以及进行合理的逻辑推理。

在提出新的社会生态模型的同时，你也需要展现出批判性思维。例如，你需要考虑这个模型是否适用于所有城市和所有居民，以及城市绿化是否还有其他影响居民心理健康的因素。这样可以帮助你更全面地理解问题，并提出更完善的解决方案。

附录：

1. 让正在写科研论文的学生，以 PPT 的形式在课堂上讲述自己文章的讨论部分，并对照模板提示，讨论在内容方面需要加强的地方。学生可以根据课堂的反馈意见对讨论进行修改，然后再次讲述修改后的讨论部分，并再次获得反馈。学生可以根据进一步的反馈进行二次修改。
2. 给学生提供文献，让他们根据模板的提示找出讨论的各个内容部分，并指出其中的优点和不足之处，并在课堂上以 PPT 的形式讲解，与其他同学讨论和交流。

第七章 结论部分

结论部分旨在汇总研究的主要成果，明确研究发现对现有理论和实践的长远影响，对研究历程进行深入思考，强调本研究的学术意义和应用价值，并为未来研究工作或技术发展提供方向性的见解。

第一节 基本模板

结论部分的撰写，可以采用以下模板。

（1）概述主要发现：简述该研究的关键发现。

（2）研究目标的实现情况：简述研究目标的达成情况或假设的验证过程，以及目标的实现程度，并提供相应的结果和证据支持。

（3）研究的重要性和贡献：强调研究在更广泛的学术领域中的重要性，凸显其在解决关键研究问题、推动知识边界扩展，以及填补认知空白方面的贡献。

（4）理论与实践的启示：重申研究带来的理论洞见及其在实践层面的应用价值，并简明扼要地探讨研究对深化理论框架、指导实际操作和制定政策的影响。

（5）局限性的再审视：回顾研究中提到的局限性，总结这些限制对研究结果的潜在影响，并对研究的边界进行反思。

（6）未来研究的方向：基于现有的局限性和研究未解决的问题，提出未来研究的可能方向，并指出这些方向对于扩展当前研究视野的重要性。

（7）研究的广泛影响和应用：概述该研究发现对于相关领域、学科及社会背景的广泛影响，以及在跨学科理解和潜在应用方面的贡献。

（8）结束语：强调本研究的贡献及其在推动领域知识发展中的关键作用。

第二节 举 例

结论部分的举例见表 7-1。

表 7-1 结论部分举例

模板	内容示例
1. 概述主要发现	本研究成功合成了一种新型的纳米材料，该材料在催化分解有害气体方面展现出了卓越的性能。实验结果表明，该材料在室温下即可高效催化分解二氧化硫，且具有优异的稳定性和可重复性
2. 研究目标的实现情况	本研究成功实现了预定目标，即开发出一种高效、环保的催化剂。我们的实验充分展示了该材料在分解有害气体方面的潜力，为实现空气净化提供了新的可能性
3. 研究的重要性和贡献	本研究为解决大气污染问题提供了新的思路，它不仅在材料科学领域取得了重要突破，还有望推动相关产业的技术革新，为环境保护和可持续发展做出贡献
4. 理论与实践的启示	本研究深化了我们对纳米材料催化性能的理解，为后续研究和应用提供了理论基础。同时，也为实际操作中的空气净化技术提供了新的解决方案，有望在政策制定和产业发展中得到应用

续表

模板	内容示例
5. 局限性的再审视	尽管本研究取得了积极的成果，但仍存在一定的局限性。例如，该材料在大规模生产和应用方面的可行性尚未得到充分验证，其长期稳定性和环境影响还需进一步研究
6. 未来研究的方向	基于现有局限性和未解决的问题，我们建议未来研究可从以下几个方面展开：优化材料结构和制备方法，提高其催化性能；探究材料在复杂环境中的稳定性和适应性；开展大规模应用试验，评估其经济性和环境影响
7. 研究的广泛影响和应用	所开发的研究不仅对材料科学产生了深远影响，还为空气净化、环境治理等相关学科提供了新的研究思路和方法
8. 结束语	我们期望这种新型的纳米材料能够为改善人类生存环境做出贡献

第三节 如何有效地描述研究发现的意义

有效描述研究发现的意义，其关键在于清晰地阐述研究对学术界、实践领域，以及社会的影响，以下是一些步骤和技巧。

（1）简述主要发现：首先要简要阐述你研究中所获得的最重要、最显著的发现，这些发现是与你的研究问题或假设直接相关的。

（2）将发现与理论和现实相关联：解释你的发现如何与现有的理论框架相吻合或相悖，并探讨它们对现实世界问题的潜在影响，这包括你的研究如何增进对特定现象的理解，以及它可能如何指导实际应用。

（3）强调贡献：明确指出你的研究对学术领域的贡献，这可能包括填补知识空白、提供新的研究方法、提出新的理论观点，或对现有理论进行扩展和修正。

（4）讨论现实意义：如果你的研究具有实际应用价值，讨论它对实践工作者的意义，如对医生、教师、政策制定者或企业管理者，你的研究是否提供了新的策略、工具或见解，可以帮助他们在工作中更好地做出决策？

（5）考虑政策影响：如果可能，简述你的研究发现可能对政策制定产生的影响，你的研究是否支持现有的政策，或者是否表明需要新的政策或政策改革？

（6）展望未来：基于你的研究结果，提出对未来研究方向的展望，表明你的研究不仅具有当前的意义，而且对未来的知识发展具有指导作用。

（7）使用有力的语言：使用清晰、有力和准确的语言，避免模糊不清或过于复杂的句子结构，确保读者能够理解你的观点。

总之，通过有效地描述你的研究发现的意义，展示你的研究不仅具有学术价值，而且具有实际应用潜力，从而增强你的结论部分的说服力。

以下是一个简单的例子。

“本研究首次揭示了超疏油纤维材料在油气过滤应用中的显著性能，特别是在提高过滤效率和降低过滤阻力方面。这些发现虽然与传统的过滤理论相吻合，但之前的研究并没有调查超疏油滤料的油气分离性能。因此，我们的研究不仅填补了超疏油纤维材料在气体过滤领域应用的知识空白，而且为未来过滤材料的设计提供了新的途径。该研究成果对于实际气体过滤具有重大意义，特别是在提高天然气过滤效率、降低能耗和延长设备使用寿命方面。未来的研究可以进一步探索其在不同环境下的过滤性能，以及与其他技术结合，来实现更高效、更环保的过滤解决方案。我们期待这一研究为学术界和工业界带来更多的创新和进步。”

第四节 如何恰当强调研究的学术贡献

在结论部分，恰当地强调研究的学术贡献，需要明确阐述你的研究是如何推动知识边界扩展、填补认知空白，或对现有理论进行补充、修正或挑战的。以下是一些策略。

（1）明确指出创新点：清楚地说明你的研究在哪些方面提供了新的见解、方法或数据，这可能包括引入新的概念、理论、模型、技术或实验设计。

（2）展示知识扩展：描述你的研究是如何扩展、深化或完善现有知识的，这可能涉及对先前研究的补充、对已有理论的验证或对先前假设的证实或反驳。

（3）对比之前的研究：将你的发现与现有文献进行比较，并讨论你的研究是如何与先前的研究相吻合或相悖的，这有助于突出你的研究在学术领域的位置。

（4）理论贡献：如果你的研究提出了新的理论框架或对现有理论进行了修正，解释这些理论贡献的重要性，并说明它们如何影响我们对特定领域的理解。

（5）方法论贡献：如果你的研究在方法论上有所创新，讨论这些新方法如何提高研究的有效性、可靠性或适用性，并强调它们对未来研究的潜在影响。

（6）实践与政策影响：即使你的研究主要是理论性的，也要考虑它在实践中的应用价值，以及它可能对政策制定或行业实践造成的潜在影响。

（7）使用有力的论据：在强调学术贡献时，使用有力的论据和证据来支持你的观点，这可以包括提供数据支持或展示逻辑上的连贯性。

（8）简洁而精准：在描述学术贡献时，使用简洁而精准的语言，避免冗长和不必要的复杂性，确保读者能够清楚地理解你的研究的重要性和影响。

以下是一个简单的例子。

“在本研究中，我们创新性地用超疏油技术对商业过滤材料的表面进行改性，提升了它们的油气过滤性能。这一创新体现在这种新型滤料在保持高空气通量的同时，对空气中的微小油滴具有优异的分离效果。我们的研究将超疏油技术扩展到了油气过滤领域，深化了我们对材料表面性质与过滤性能之间关系的理解。与现有文献相比，我们的发现揭示了一种在保证油气过滤效率的同时显著降低过滤气阻的可能性，这对传统的油气过滤理论起到了有益的补充作用。在理论贡献方面，本研究提出了一种基于超疏油机制的油气过滤新模型，该模型为理解油气分离过程中液滴与纤维表面的相互作用行为提供了新的视角，对设计高效过滤系统具有重要意义。方法论上，我们采用了先进的材料表征技术和系统化的性能评估方法，这些新方法不仅提高了研究的可靠性和有效性，而且为未来油气过滤材料的研究提供了新的途径。实践中，我们的研究成果可直接应用于天然气输送行业，有助于提高气体过滤效率，降低操作成本，并延长滤料的使用寿命。综上所述，我们的研究不仅在理论和方法论上做出了显著贡献，而且在实际应用中也具有深远的影响，为油气过滤领域的发展提供了新的方向和动力。”

第五节　几个常用的英文单词

1. 描述“改善”意思的英文单词

improved：指某物变得更好或更令人满意。

better：通用词，指比以前更好或更优秀。
enhanced：通常指质量的提高或价值的增加。
advanced：指在发展、进步或技术上的提高。
superior：指比其他同类事物更好或更有价值。
progressive：指逐步向前或向更好的方向发展。
upgraded：通常指通过更新或改进使某物变得更好。
revamped：指彻底改造或改良，使某物看起来或表现得更好。
ameliorated：正式用语，指使情况或条件变得更好。

2. 描述“重要性”的英文单词

important：普通用词，指具有重大价值、影响或重要性。
essential：指绝对必要或不可或缺的事物。
vital：强调极其重要，以至于缺少它会导致失败或灾难。
critical：通常指至关重要，其结果可能导致成功或失败。
fundamental：指基本的、根本的重要性。
significant：强调重要性或意义，尤其是统计学上的显著性。
principal：指主要的或最重要的，尤其常用于形容角色或位置。
key：指对解决问题或理解一个主题至关重要的因素或信息。
primary：指首要的或最重要的，尤其是在顺序或优先级上。
major：指较大的规模或重要性。
main：指主要的或最重要的部分、原因或因素。
chief：指最高的或主要的，尤其用于职位或级别上。
leading：指在某一领域或活动中处于首要位置。

附录：

1. 让正在写科研论文的学生，以 PPT 的形式在课堂上讲述自己文章的结论部分，并对照模板提示，讨论在内容方面需要加强的地方。学生可以根据课堂的反馈意见，对结论进行修改，然后再次讲述修改后的结论部分，并再次获得反馈。学生可以根据进一步的反馈进行二次修改。

2. 给学生提供文献，让他们根据模板的提示，找出结论的各个内容部分，并指出其中的优点和不足之处，并在课堂上以PPT的形式讲解，与其他同学讨论和交流。

第八章 摘　　要

摘要的目的是提供一份简洁而精准的概述，扼要地介绍论文的主题、研究目标、方法、关键发现以及研究的意义。通过阅读摘要，读者应能迅速把握研究的核心内容及其重要价值，从而对整篇论文的研究工作有一个全面而初步的了解，为读者提供一个研究工作的鸟瞰图，帮助他们在短时间内判断论文是否与自己的兴趣和需求相关，进而决定是否深入阅读全文。

第一节　基本要素

以下摘要的基本要素，也可以作为模板来参考。

【研究背景】　简要介绍研究的背景和问题，说明研究的必要性和重要性。

【研究目的】　明确阐述研究的主要目的和目标。

【研究方法】　概述研究采用的方法、技术和实验设计，包括数据来源、样本选择、分析方法等。

【关键发现】　总结研究的主要发现，包括关键数据和结果。

【研究意义】　阐述研究的意义，包括对现有知识的补充、对理论的贡献、对实践或政策的影响等。

【结论】 简要概括研究结论，强调研究的创新点和价值。

多数情况下，期刊对摘要有篇幅要求，一般在 150～300 字。因此，摘要应专注于作者研究的本质及其对该领域的贡献，尽量避免包含详细的方法和过多的技术术语。

第二节 举 例

Background	Despite advancements in cancer therapy, resistance to treatment remains a significant challenge.
Objective	To identify novel targets for overcoming resistance to a specific cancer therapy.
Methods	We employed a combination of computational modeling, *in vitro* experiments, and *in vivo* studies to screen potential targets and assess their efficacy.
Key discoveries	We discovered a previously unreported kinase that, when inhibited, sensitized tumor cells to the therapy.
Conclusion	Our findings open new avenues for developing targeted combination therapies to overcome resistance to cancer treatment.

第三节 一些知名期刊的模板举例

1. *Science*

资料来源：https://www.science.org/content/page/instructionspreparing-initial-manuscript

Abstracts of Research Articles should explain to the general reader why the research was done, what was found and why the results are important. They should start with some brief BACKGROUND information: a sentence giving a broad introduction to the field comprehensible to the general reader, and then a sentence of more detailed background specific to your study. This should be followed by an explanation of the OBJECTIVES/METHODS and then the RESULTS. The final sentence should outline the main CONCLUSIONS of the study, in terms that will be comprehensible to all readers. The abstract is distinct from the main body of the text and thus should not be the only source of background information critical to understanding the manuscript. Please do not include citations or abbreviations in the abstract. The abstract should be 125 words or less. For Perspectives and Policy Forums, please include a one-sentence abstract.

2. *Nature*

Nature 的摘要模板如图 8-1 所示。

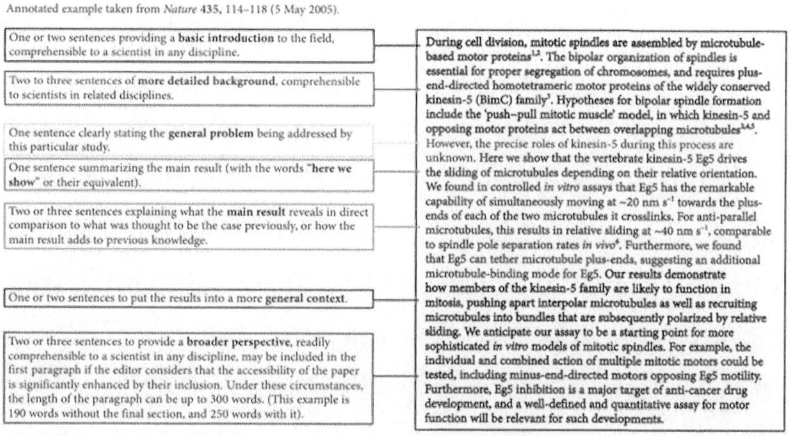

图 8-1 *Nature* 的摘要模板

3. 《中国自然》

资料来源：http://www.naturechina.com/solutions/abstract

（1）提供介绍性背景信息，引出你的目标陈述。

摘要第一部分的 1～3 句话必须让读者知道你为什么进行这项研究。

例子：The importance of epistasis—non-additive interactions between alleles—in shaping population fitness has long been a controversial topic, hampered in part by lack of empirical evidence.

这一引导性句子既陈述了主要议题（上位性效应对于种群健康的作用），也说明了问题（这个领域缺乏实验证据）。这样，读者的注意力被立刻抓住了。下一个句子可以接着讲述这个领域缺乏什么样的信息，或者以前的研究者曾做了哪些努力来解决这个问题。

这样的陈述可以很自然地引出关于你的研究如何能独特地解决这个问题的陈述。使用诸如“Here, we aimed to…”或“Here, we demonstrate that…”等句子来向读者表明你在陈述你的研究目标或目的。

（2）简短介绍你的方法。

摘要的方法部分是概括你的研究基本设计的机会，过度的细节并不需要。

例子：One hundred consecutive consenting male inpatients in a state of moderately severe, uncomplicated alcohol withdrawal at screening were randomized to receive either lorazepam (8 mg/day) or chlordiazepoxide (80 mg/day) with dosing down-titrated to zero in a fixed-dose schedule across 8 treatment days.

生物或临床领域的摘要应该提到研究的生物体、细胞系或种群。如果是生态论文，研究地点通常是重要的信息。临床试验方面的论文应该提到样本大小、患者组群、剂量和研究持续时间。

（3）清楚描述研究最重要的发现。

别人看你的摘要的主要原因是为了了解你的发现。因此，结果应该是摘要最长的部分，你应该提供尽量详尽的细节。

语句 1：Significant differences in body weight were observed between the animals in groups A and B

语句 2：The average body weight loss of the animals in group A was greater than that of the animals in group B (20.4 ± 0.3 g *vs.* 8.4 ± 0.6 g; p<0.01)

语句 1 这样的陈述并没有提供很多信息。相反，要考虑做出更具体的陈述，如语句 2，注意 p 值有效传递了区别的显著，因而不再需要 “significant” 这个词。

（4）简洁陈述结论并避免夸大。

摘要的最后 1～2 句话应该用来概括研究的关键信息：你的结论。可以使用诸如“Our study revealed that…”或“Overall, we conclude that…”这样的句子。然后，尽量简洁地陈述你的主要发现。如果你有其他有意思的次要发现，也可以提及它们。最后，考虑写一句陈述有关你的工作的理论性或实践性意义的话，以及/或者你的工作如何推动整个领域发展。这将帮助读者更清楚地了解你的发现的重要性。

如前面提到的，很多无法得到你的文稿全文的读者会阅读你的摘要，由于无法得到你的数据，他们只能照单全收你的结论。因此，在摘要里不要夸大结论的重要性以致误导读者。

（5）摘要里需要避免的东西。

摘要应该是研究的总结，因此，它通常有严格的字数限制。将研究工作的全部重要方面总结在一段 250 字或更少字数的文字里不是件容易的事。但是，知道写摘要时应该避免哪些问题能让这个工作变得稍微容易一些。

摘要中不应包含：①冗长的背景信息；②引用；③常规实验室程序的细节；④统计方法或所用软件的细节（除非这是你研究的重点）；⑤未定义的缩写或首字母缩略词；⑥在文本里没有讨论的结果或阐释。

第四节　摘要中的研究背景应该包含哪些要素

摘要中的研究背景可以介绍以下方面。

【研究领域现状】　当前研究领域的主要研究成果、存在的问题，以及这些问题的现实意义和科学价值。

【研究缺口】　现有研究不足或未解决的问题，以及这些缺口对于进一步推进知识和理解的重要性。

【研究的重要性】　你的研究为何重要，它如何填补现有的知识空白，如何对现有的理论或实践产生影响。

摘要的研究背景部分应该简洁明了，直接指向研究的核心问题，为读者提供足够的背景信息，以便他们理解研究的必要性和紧迫性。

为了使摘要的研究背景部分简洁明了，可以采取以下原则。

（1）突出问题性：直接指出研究试图解决的具体问题或挑战，避免冗长的背景介绍。

（2）避免细节：省略具体的研究历史和详细的文献回顾，只提及与你研究直接相关的关键点。

（3）精炼语言：选用精确、简洁的词汇来表达，避免冗长和复杂的句子结构。

（4）聚焦研究缺口：强调现有研究的不足或知识空白，以及你的研究如何填补这些缺口。

（5）突出研究的意义：简要说明研究的重要性，以及它对学术、行业或社会的潜在影响。

（6）避免使用缩写和专业术语：除非广泛认可，否则应避免使用缩写词和专业术语，以免造成读者的困惑。

（7）限制篇幅：摘要的研究背景部分通常不超过一两句话，确保在整个摘要中的比重适当。

第五节 摘要中研究目的和问题部分的写作建议

在撰写摘要的研究目的和问题部分时，以下原则可以帮助你改善表述的清晰、准确性。

（1）明确性：直截了当地陈述研究目的和目标，确保读者能够迅速理解研究意图。

（2）针对性：针对研究背景中所提出的问题或缺口，明确指出研究旨在解决的具体问题。

（3）简洁性：使用简洁的语言，避免冗长和不必要的描述，每个词都要尽量精炼。

（4）具体性：提供具体信息，让读者了解研究将如何进行，但避免过多的细节。

（5）逻辑性：确保研究目的和问题是逻辑上连贯的，与研究背景和意义紧密相连。

（6）可操作性：研究目的应该是可实现的，研究问题应该是可以通过研究方法得到答案的。

（7）结构清晰：通常先陈述研究目的，然后提出具体的研究问题，这样可以帮助读者更好地理解研究的结构和流程。

（8）避免使用模糊的词汇，如“研究”“探讨”等，而是具体说明研究的方法和内容。

以下是一些摘要的模板。

【模板 1】

本研究旨在[研究目的]。通过[研究方法]，我们发现[关键发现]。这些结果对于[研究领域]具有[重要意义]，因为[解释原因]。此外，我们的研究还揭示了[其他发现]。本研究为[实际应用或政策制定]提供了新的见解。

【示例 1】

本研究旨在探讨气候变化对农业生产的影响。通过分析过去 30 年的气候和农业数据，我们发现温度升高和降水减少对农作物的产量和品质产生了负面影响。这些结果对于农业生产和粮食安全具有重要意义。此外，我们还发现采取适应性措施可以减轻气候变化对农业的不利影响。本研究为政策制定者和农业生产者提供了科学依据，以应对气候变化的挑战。

【模板 2】

本研究针对[研究背景中的问题或缺口]，探讨了[研究主题]。我们采用了[研究方法]，并发现了[关键发现]。这些发现不仅丰富了我们对[研究领域]的理解，而且可能对[实际应用或政策制定]产生重要影响。此外，我们的研究还提出了[新的理论或观点]。

【示例 2】

本研究针对城市交通拥堵问题，研究了公共交通系统的优化策略。我们采用了模拟模型和实证分析的方法，发现增加公共交通线路的频率和覆盖范围可以有效缓解交通拥堵。这些发现不仅丰富了我们对城市交通系统的理解，而且对城市规划者和交通管理部门具有实际应用价值。此外，我们的研究还提出了一种基于大数据的公共交通优化模型。

【模板 3】

本研究旨在解决[研究背景中的问题或缺口]。我们通过[研究方法]，得出了[关键发现]。这些发现有助于我们更好地理解[研究领域]的复杂性，并为[实际应用或政策制定]提供了新的思路。此外，我们的研究还强调了[研究的重要性或意义]。

【示例 3】

本研究旨在解决城市化进程中绿地空间减少对居民心理健康的影响问题。我们通过对不同城市区域的居民进行问卷调查和绿地使用情况分析，得出了绿地空间与居民心理健康之间存在显著正相关的关键发现。这些发现有助于我们更好地理解城市生态系统中自然因素对居民福祉的影响，并为城市规划师在绿地分配和设计方面提供了新的思路。此外，我们的研究还强调了城市绿化在提升居民生活质量方面的重要性。

附录：

1. 让正在写科研论文的学生，以 PPT 的形式在课堂上讲述自己文章的摘要部分，并对照模板提示，讨论在内容方面需要加强的地方。学生可以根据课堂的反馈意见对摘要进行修改，然后再次讲述修改后的摘要部分，并再次获得反馈。学生可以根据进一步的反馈进行二次修改。
2. 给学生提供文献，让他们根据模板的提示，找出摘要的各个内容部分，并指出其中的优点和不足之处，并在课堂上以 PPT 的形式讲解，与其他同学讨论和交流。

第九章　论文题目、关键词和写作顺序

题目是论文的眼睛，其核心目标是对文章精髓的精炼浓缩，助力读者迅速把握文章的主旨。题目承担着诸多功能，它不仅吸引读者的目光、概述研究的核心内容，还彰显研究的创新性和科学价值。一个精准、清晰且引人入胜的题目，能有效激发读者的好奇心，驱使他们深入阅读全文。

第一节　对论文题目的要求

好的论文题目可使读者迅速了解研究的主要方向和目的、获得研究的关键信息，为领域内的学者提供研究动态和发展趋势等方面的线索。审稿人和读者往往会根据题目来初步评价论文的质量和重要性，一个好的题目可以给审稿人和读者留下良好的第一印象。因此，科技论文的题目应该精心设计，确保它能够准确、有效地传达论文的核心内容和价值，同时吸引目标读者的注意。好的论文题目应具备以下特点。

【明确性】　清晰明确地反映文章的核心内容，没有模糊或笼统的表述。

【简洁性】 用最少的词汇表达最准确的意思，无冗长和复杂的句子结构。

【准确性】 准确反映文章的研究内容，无夸大或误导。

【反映研究范围】 如果研究涉及多个学科，题目反映这一跨学科的特点。

【吸引力】 含有吸引读者注意力的词汇或表述，但无夸张或引起误解的言辞。

【关键词】 包含与研究密切相关的关键词，发表读者和数据库检索。

【无特殊符号】 不使用数学符号、希腊字母或特殊符号，从而避免了阅读障碍。

【无问号和感叹号】 问号或感叹号通常给人研究不严谨的印象。

【符合规范】 符合学术期刊或出版机构的命名规范，包括字数、大小写、标点符号等。

第二节 题目模板举例

1. A novel approach to synthesizing [compound name] using [method]: A catalyst-free reaction

2. The impact of [variable] on [outcome]: A comprehensive study across [population]

3. Understanding the role of [protein/enzyme] in [biological process] through structural analysis

4. Advancements in [technology]: Overcoming the challenges

of [specific issue]

5. Quantitative assessment of [environmental factor] on [ecosystem service] in [region]

6. Discovering the genetic underpinnings of [disease] through a genome-wide association study

7. A comparative study of [methodologies] for [application]: Evaluating performance and limitations

8. Predictive modeling of [phenomenon] in [system] using [algorithm]: A novel approach

9. The evolution of [concept/theory] in [field]: A historical perspective

10. Innovation in [material science]: Developing [new material] with enhanced [property] for [application]

第三节　如何确保题目与摘要的一致性

一致性是科技论文撰写的关键原则，直接影响论文的整体质量和可读性。首先，应确保题目与摘要内容一致，在写作过程中需注意以下几个方面。

【研究目标的一致性】　确保摘要中描述的研究目标与题目中的研究目标一致。

【研究方法的一致性】　摘要中描述的研究方法应该与题目中的方法相匹配。

【研究结果的一致性】　摘要中呈现的研究结果应该与题目中的预期结果相符合。

【研究贡献的一致性】　摘要中强调的研究贡献应该与题目中的创新点相呼应。

【研究意义的一致性】　摘要中描述的研究意义应该与题目中的研究意义相吻合。

【语言风格的一致性】　确保摘要中的语言风格与题目中的语言风格一致，避免出现不一致的表述方式。

【关键词的一致性】　摘要中的关键词应该与题目中的关键词相匹配，确保关键词的准确性。

【逻辑结构的一致性】　摘要中的逻辑结构应该与题目中的逻辑结构相一致，确保内容的连贯性。

【数据和结论的一致性】　摘要中呈现的数据和结论应该与题目中的数据和结论相符合。

第四节　如何将题目和创新性联系起来

首先，在确保题目准确反映论文的主题的前提下，突出研究的独特性和新颖性，可以提高读者的阅读兴趣。其次，要将题目与创新性关联，要明确研究的核心问题、研究范围和研究目标，精准定位，确保题目能够准确反映论文的研究内容和主题。此外，要加入描述创新的词语，如描述新的研究方法、新的现象或规律，以及新的理论等。阐述研究对学术领域、实际应用或社会发展的意义和价值，并根据论文的目标读者群体，调整题目的表述方式和语气，使其更具亲和力和针对性。最后，在完成题目初稿后，与同行或导师交流，听取意见和建议，对题目进行反复修改和完善。

以下是一些特定的词汇，用于描述研究的创新点。

（1）首次发现：用于描述研究首次揭示的新的现象或规律。

（2）新方法：用于描述研究采用的新颖的实验方法、技术或分析手段。

（3）创新性设计：用于描述研究在设计上的创新，如新的模型、算法或理论框架。

（4）突破性进展：用于描述研究在某个领域取得的重大突破。

（5）独特视角：用于描述研究从全新的角度或观点出发，提供对问题的深入理解。

（6）前沿技术：用于描述研究采用的最新技术或方法，处于学术或技术的前沿。

（7）创新性策略：用于描述研究提出的新颖的策略或解决方案，用于解决实际问题。

（8）创新性模型：用于描述研究构建的新的数学模型或理论模型，用于解释或预测现象。

（9）创新性工具：用于描述研究开发的新工具或设备，用于实验或分析。

（10）创新性理论：用于描述研究提出的新的理论观点或框架，对现有理论进行扩展或修正。

这些词汇有助于突出题目中研究的创新点，吸引读者的注意，并激发他们对全文的兴趣。

表 9-1 是一些具体例子，展示了如何将题目与创新性联系起来。

表 9-1 题目与创新性联系示例

描述创新点的词汇	题目示例
首次揭示	新的纳米材料在生物医学应用中的潜力
一种新方法	用于提高太阳能电池效率的智能材料设计
挑战传统观点	神经网络在语言理解中的新视角
创新性设计	用于城市交通管理的实时数据融合与分析系统
填补知识空白	关于气候变化对海洋生态系统的影响的新发现
推动理论发展	量子计算在优化算法中的应用
新视角	区块链技术在供应链管理中的潜在用途

这些例子中的题目，都指出研究的创新性，如“首次揭示”“新方法”“挑战传统观点”“创新性设计”“填补知识空白”“推动理论发展”。不仅概括了研究的主要内容，而且强调了研究的独特性和新颖性，有助于吸引读者的注意，并激发他们对全文的兴趣。

第五节　撰写题目的常见错误

在撰写科技论文题目时，应避免以下常见错误。

【模糊不清】　避免使用过于笼统或模糊的词汇，如“研究”“探讨”等，这些词汇缺乏具体性，难以准确反映论文的核心内容。

- 错误例子：气候变化对生态系统的影响的研究
- 正确例子：量化气候变化对北极熊栖息地分布的影响

【冗长复杂】　冗长和复杂的句子结构，不利于读者迅速理解研究的主题和目的。

- 错误例子：多变量环境下，基于机器学习算法的时间序列预测模型的性能评估与优化的探讨
- 正确例子：多变量环境下基于机器学习的预测模型性能评估与优化

【缺乏创新性】　研究的创新点不突出，读者无法准确判断研究的独特性。

- 错误例子：城市交通拥堵的原因及对策分析
- 正确例子：城市交通拥堵预测与智能优化策略

【不明确的目标】　研究的目标和意图表达不清晰，或使用模糊或抽象的表述，使读者难以理解研究的具体方向。

- 错误例子：太阳能电池性能的研究

- 正确例子：提高太阳能电池效率的新方法研究

【过于专业化】 过于专业的术语或过于生僻的词汇，使非专业人士难以理解。

- 错误例子：基于微分方程组的电化学过程动力学模型的探讨

- 正确例子：电化学过程动力学模型研究及其在电池性能预测中的应用

【缺乏关键词】 缺少关键词，会影响论文在数据库和搜索引擎中的可见度。

- 错误例子：城市空气质量与人类健康的关系研究

- 正确例子：城市空气质量与人类健康关系研究：基于大气污染源的评估与控制策略

【缺乏吸引力】 过于平淡或缺乏吸引力的题目使读者失去兴趣。

- 错误例子：基于遗传算法的网络优化问题的探讨

- 正确例子：遗传算法在网络优化中的应用与创新：提高数据传输效率的新方法

【缺乏逻辑性】 题目应逻辑清晰，确保与研究背景和意义紧密相关。

- 错误例子：研究了电力市场的动态稳定性

- 正确例子：电力市场动态稳定性分析及其对市场运作的影响

【过于主观】 在题目中使用过于主观的词汇，如“非常”“极其”等，会影响读者的判断。

- 错误例子：水污染对人类健康的极端影响

- 正确例子：水污染对人类健康的影响评估与防治策略

【不一致的表述】 这也是一个重要的错误。应确保题目与研究内容相符，避免过度承诺或夸大研究的创新性。同时也要确保题目和摘要的一致性，避免在摘要中提及但在题目中未出现的内容。

避免这些常见错误，可以增强题目的准确性和清晰度，同时吸引读者的注意，并帮助他们理解研究的独特之处。

第六节　如何确保题目既准确又具有吸引力

一个好的题目是论文成功的一半，因此投入时间和精力来确保题目的质量是非常重要的。在撰写时，提高题目的准确性和吸引力，需要在以下方面下功夫。

（1）使用具体、精确的词汇来反映论文的研究内容、方法、结果和创新点。

（2）保持题目简洁明了，避免冗长复杂。一个好的题目通常在 20 个字以内，最多不超过 25 个字。

（3）使用引人入胜的词汇或短语，但既要保持专业性和学术性，又要避免过于夸张或俗气的表述。

（4）明确指出创新点，如“新方法”“新视角”等，这有助于吸引读者的注意。

（5）包含主要的关键词，有助于提高论文在数据库和搜索引擎中的可见度。

（6）逻辑清晰，确保题目能够引导读者正确理解研究的主题和目的。

（7）与摘要的内容相符，并且能够激发读者的兴趣。

（8）获得同行或导师的反馈，可以帮助你进一步完善题目。

（9）多次反复编辑和修改题目，直到你确信它既准确又具有吸引力。

以下是一些具体案例。

【准确且吸引人的例子】

- 题目：基于机器学习的语音识别系统的性能评估与优化

- 分析：这个题目准确地反映了研究内容（基于机器学习的语音识别系统）和目标（性能评估与优化），同时使用了“机器学习”和“性能评估”等关键词，有助于提高检索效率。此外，题目中的“基于”和“优化”等词汇表明了研究特征、应用价值和创新点。

【准确但缺乏吸引力的例子】

- 题目：研究了遗传算法的网络优化

- 分析：这个题目虽然准确地反映了研究内容（遗传算法的网络优化），但没有突出研究的创新点或实际应用价值。它可能需要进一步修改，以吸引更多读者的兴趣。

【具有吸引力但不够准确的例子】

- 题目：突破性的新方法：太阳能电池效率提升

- 分析：这个题目使用了“突破性”和“新方法”等吸引人的词汇，但可能过于夸张，缺乏具体性和准确性。它需要更准确地反映研究内容和方法，以确保读者对论文内容有正确的期望。

【准确但过于专业的例子】

- 题目：基于微分方程组的电化学过程动力学模型

- 分析：这个题目准确地反映了研究内容和方法，但对于非专业人士可能过于专业和难以理解。它可能需要使用更通俗易懂的词汇，以提高可读性。

通过这些案例可以看出，在确保科技论文题目既准确又具有吸引力的过程中，需要平衡专业性和可读性，同时突出研究的创新点和实际应用价值。

第七节　关　键　词

关键词是精挑细选的词汇集合，专门用于捕捉论文的核心主题和内容，起到文献检索、内容概括和分类索引的作用。关键词的运用，使得不同学科之间的界限变得模糊，为学术交流与合作搭建了桥梁。通过监测和分析特定关键词的流行度和演变，可以洞察特定研究领域内的研究动态和发展脉络，揭示研究热点的迁移和趋势走向。

科技论文的关键词对于提高论文的可发现性和促进学术交流具有重要意义。因此，作者应慎重选择关键词，确保它们能够有效地代表论文的主要贡献和学术价值。

关键词往往来自文章的以下几个部分。

- 文章标题：从标题中提炼出能代表文章主题的关键词。
- 层次标题：根据文章结构，从各个层次标题中选取关键词。
- 正文内容：提取能概括文章主要贡献和创新点的词汇。

选择关键词时，应考虑以下几方面：①相关性，必须与论文的主题和内容紧密相关。②准确性，应准确反映论文的核心内容和研究重点。③通用性，尽可能使用广泛认可和通用的术语，避免使用过于狭窄或生僻的词汇。④数量，关键词的数量通常为3～5个，过多或过少都可能影响检索的效率。

以下是一些不同来源的关键词示例。

1）研究方法关键词

  - 示例：机器学习算法、预测、股市趋势、真空蒸镀

2）研究对象关键词

  - 示例：纳米材料、光催化性能、传感器

3）研究主题关键词

- 示例：智能电网、能源优化策略、温室效应

4）研究结果关键词

- 示例：蛋白质-蛋白质相互作用模式、能量转换率

5）研究贡献关键词

- 示例：太阳能电池效率、新方法、新机理

6）研究创新关键词

- 示例：首次揭示、生物分子、疾病发生、关键作用

7）研究应用关键词

- 示例：实际生产、3D 打印材料、性能评估

8）研究背景关键词

- 示例：气候变化、海洋生态系统、影响评估

9）研究工具关键词

- 示例：高通量测序技术、微生物群落分析

10）研究理论关键词

- 示例：物理模型、解释、量子隧穿现象

关键词的选择原则应把握以下几个原则。

（1）相关性：必须与文章内容紧密相关，能够准确反映文章的主题和核心观点。

（2）精确性：选择能够明确表述文章特定概念的词汇，避免使用过于宽泛的词汇。

（3）简洁性：简洁明了，避免使用冗长的短语或句子。

（4）专业性：优先选择专业领域内公认的术语和概念。

（5）规范性：遵循相关学科和期刊的规定，使用标准化的关键词。

在撰写关键词时，可以使用如下技巧。

• 组合使用：将几个相关的关键词组合使用，以增强检索覆盖面。

• 避免重复：避免使用意思相近或重复的关键词，以免降低检索效率。

• 使用同义词：根据需要，可以使用与关键词意思相近的词汇，以增加检索的途径。

第八节　对于写作顺序的建议

在科研写作中，尽管通常建议遵循题目、摘要、引言、实验、结果等顺序，但并不绝对。实际上，科研写作的顺序可以根据研究内容和作者的写作习惯进行适当调整。然而，这种灵活性并不代表可以完全忽视写作顺序的重要性。合理的写作顺序有助于提高文章的可读性、逻辑性和完整性。作者建议的科研论文写作顺序如图 9-1 所示。

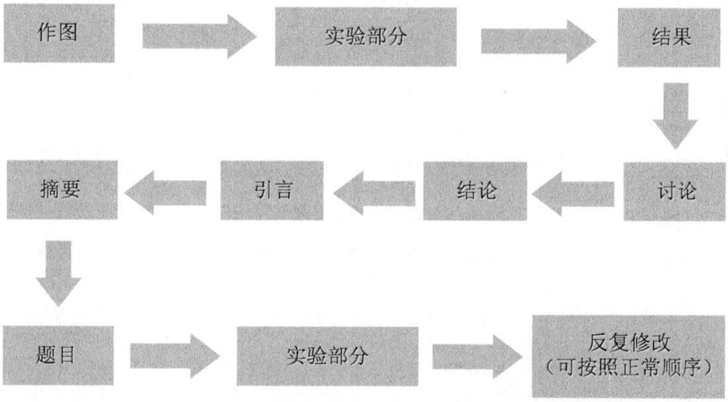

图 9-1　作者建议的科研论文写作顺序

根据作者的经验，撰写科研论文时，从准备图表开始，能够帮助作者更全面地把握论文的结构布局。首先，可以将获得的实验结果根据类型进行分类，例如材料制备与基本性质表征、专业性质分析、计算机模拟结果、机理探讨、应用展示等。形成一个整体的框架后，即可着手撰写论文。

在撰写论文时，从实验部分入手相对较为简单，因为实验部分是研究的基石，涵盖了实验设计和数据收集。在这一阶段，作者应详细描述实验过程，包括实验设备、实验方法、实验步骤等，并记录实验结果。完成实验部分后，应描述研究结果，并对结果进行深入分析和讨论。在这一阶段，作者需要对实验数据进行细致分析，探讨实验结果与研究假设之间的联系，以及实验结果在现有研究中的位置。在分析和讨论的基础上，得出结论。结论部分应简洁明了，概括研究的主要发现和意义，并强调研究的创新之处和实际应用价值。

根据结果和结论，起草摘要、引言和题目等部分。摘要部分应简要概述研究的目的、方法、结果和结论，以便读者快速了解研究的主要内容。引言部分应介绍研究的背景、研究目的和研究方法，为读者提供研究的背景信息。最后，给出题目和其他内容。题目应简洁明了，准确反映研究的主要内容。其他内容可能包括关键词、作者信息、致谢等。在初稿完成之后，作者可以采用上述同样的顺序或正常的文章顺序进行修改。

当然，也可以根据不同情况，采用其他的写作顺序。无论采用什么样的写作顺序，作者都应确保内容的逻辑性和连贯性，使用清晰、准确的语言描述实验过程和结果，使用图表辅助说明实验结果，以提高论文的可读性和说服力。

附录：

1. 让正在写科研论文的学生，以 PPT 的形式在课堂上讲述自己文章的题目，并对照模板提示，讨论需要加强的地方。学生可以根据课堂的反馈意见对题目进行修改，然后再次讲述修改后的论文题目，并再次获得反馈。学生可以根据进一步的反馈进行二次修改。

2. 给学生提供文献，让他们根据模板的提示，找出题目的特征和不足，并在课堂上以 PPT 的形式讲解，与其他同学讨论和交流。
3. 让正在写科研论文的学生，以 PPT 的形式在课堂上讲述自己文章的关键词部分。学生可以根据课堂的反馈意见对关键词进行修改，然后再次讲述修改后的关键词，并再次获得反馈。学生可以根据进一步的反馈进行二次修改。
4. 给学生提供文献，让他们根据模板的提示，找出关键词，并指出其中的优点和不足之处，并在课堂上以 PPT 的形式讲解，与其他同学讨论和交流。

第十章 参考文献

科研论文中参考文献的引用，不仅能够支持作者的观点，还能够表明作者对现有研究的了解和尊重，因此十分重要。正确引用参考文献不仅体现了学术诚信，也便于读者查找原始资料，评估研究的深度与广度。

第一节 引用的重要性

当前的任何研究都不是孤立无援的，而是建立在前人研究的基础之上，对文献的引用，体现了作者对相关领域的了解程度，以及对研究背景理解的深度和广度。文献引用为读者提供更多的参考依据和研究相关信息，帮助读者理解研究的背景和意义，评估研究的可靠性和有效性，发现研究的局限性和不足之处，为读者提供更多的思考和讨论空间，以及更多的研究视角。

第二节 引用原则

引用文献，首先要保证对文献内容的理解和解释准确无误，不能歪曲原文意思，尊重知识产权，不得抄袭或剽窃他人的研究成果，不故意隐瞒或歪曲文献的内容，遵循学术诚信的原则。除此之外，引用文献应遵循以下原则。

（1）准确性：包括作者名字、出版年份、文章标题、期刊名称、卷号、期号、页码等。

（2）相关性：与描述内容紧密相关。

（3）权威性：优先引用学术界的权威出版物，以增强可信度。

（4）尊重原创并体现时效性：引用经典文献的同时也要引用最新的文献，平衡研究深度、信息的时效性和研究的先进性。

（5）完整性：在文献综述或讨论部分，应当全面引用相关的文献，避免遗漏重要观点或研究，以免影响研究的全面性和客观性。

（6）避免过度自我引用：适当引用自己的前期研究，有助于展示研究的连续性，但过度自我引用，会影响文章的客观性和权威性。

（7）规范格式：遵循所在学术领域或出版物规定的引用格式，确保引用格式的一致性和规范性。

第三节　如何确保引用文献的信息准确无误

确保准确无误地引用文献信息，建议采用以下方法。

【核对原文】 在引用文献之前，仔细阅读并核对原文，确保引用的内容与原文一致，检查作者姓名、文章标题、出版年份、期刊名称、卷号、期号、页码等信息是否准确。

【使用可靠的引用工具】 使用文献管理软件或在线引用生成器，能自动提取和格式化引用信息，减少手动输入错误。确保所使用的引用工具提供的信息来源可靠，并且能够根据不同的引用格式（如 APA、MLA、Chicago 等）生成正确的引用格式。

【检查引用格式】 根据所投期刊的要求，选择正确的引用格式。不同的期刊可能要求不同的引用格式，因此需要仔细阅读期刊的指南。确保引用的格式正确，包括作者姓名的顺序、标题的大小写、期刊名称的缩写等。

【交叉核对】 在提交论文之前，可以请同行或导师检查引用文献的信息，他们可能发现作者自己难以发现的错误。利用学术数据库或图书馆资源，通过文献检索来验证引用信息的准确性。

【避免间接引用】 尽量避免间接引用，即通过第三方的文献来引用原始文献。如果必须这样做，应确保间接引用信息的准确性，并尽可能追溯至原始文献。

【定期更新文献库】 随着时间推移，文献信息可能会发生变化，例如作者姓名、期刊名称或卷号的变更。定期更新知识库，确保引用的文献信息是最新的。

【使用引文检查工具】 使用引文检查工具，如 Crossref、Google Scholar 等，来验证文献信息的准确性。这些工具可以提供文献的 DOI、URL 等信息，有助于准确引用。

第十一章 作者署名

在科研论文中，作者署名不仅体现了每位作者在学术研究中的贡献和责任，而且还与学术诚信、知识产权保护以及职业发展等诸多方面紧密相关，它既是对个人学术付出的肯定，也是对团队协作精神的展现。

第一节 署名原则

科研论文的作者应当是对研究有实质性参与并做出显著贡献的个人，这些贡献涵盖了研究设计、数据搜集、数据分析、结果讨论等多个方面。在大学的研究团队，常见的情况是学生作为第一作者，而导师或其他指导人员则作为共同作者或通讯作者，因为他们的指导对研究的成功至关重要。

作者列表的顺序通常体现了每位作者在研究及论文撰写过程中的贡献程度，第一作者通常是贡献最大的研究者，而通讯作者则负责论文的发表和回应读者的咨询，在大学的研究团队中，通讯作者往往是研究的发起者或项目领导者。

作者们有责任确保论文内容的真实性、准确性和完整性，任何虚假或误导性的信息都可能构成学术不端行为。因此，署名顺序同样反映了作者对研究所负的责任，署名靠前的作者对研究的责任更为重大。此外，作者还需对引用文献信息的真实性和准确性负责。

作者署名的认定，往往采用以下原则。

【实质性贡献】 只有对研究的设计、执行、数据分析和解释或撰写文章有实质性贡献的人才应被列为作者。行政支持、提供资金或收集数据等并不足以构成署名的理由。

【同意原则】 所有作者都必须同意在文章中署名，并且对文章内容负责。在提交论文前，所有作者应共同确认最终稿。

【顺序和贡献度】 传统上，第一作者往往是负责实验实施和初稿撰写的个体，而最后一位作者通常是实验室或研究项目的负责人，对研究的整体方向和资金支持有重要贡献，中间的作者通常是根据贡献度排序。目前，一些期刊采用了贡献度声明来明确每个作者的具体贡献，而不是仅仅依靠作者顺序。

【透明度】 作者应提供足够的透明度，让读者了解每位作者的具体贡献，这一般是通过文章或期刊提供贡献度声明来实现。

【避免荣誉作者和幽灵作者】 未对研究做出实质性贡献的人即“荣誉作者”，对研究有贡献但未在文章中署名的人即“幽灵作者”，这两种情况均应避免。

【更改和添加作者】 文章发表后更改作者名单通常是不被允许的，除非有特殊情况，如错误或争议。任何此类更改都应透明地进行，并需要得到所有相关方的同意。

【遵守期刊政策】 不同的期刊可能有不同的作者署名政策（见目标期刊指南）。

第二节 第一作者

在科研论文中，第一作者的认定通常基于他在研究中的主要贡献和责任。第一作者的认定原则如下。

（1）实验的主要实施者：第一作者通常是数据和结果的主要负责人，组织实验、收集实验数据，解释结果，并对其负责。

（2）主要贡献者：通常是研究的主要执行者、分析者或设计者，在整个研究过程中扮演了核心角色。他们的贡献包括但不限于提出研究问题、设计研究方法、收集和分析数据、撰写论文等。

（3）研究发起者：第一作者也可能是研究的发起人，负责确定研究目标和方向，并推动研究的进行，在研究的设计和执行过程中承担了最大的责任。

（4）论文撰写和修改：第一作者通常是论文的起草人或主要撰写者，对论文的内容和质量负有最大的责任，并在论文的撰写和修改过程中发挥了重要作用。

（5）指导者和导师的意见：在学生作为第一作者的情况下，指导者和导师的意见可以作为重要的参考，他们通常对学生的贡献有更全面的了解，他们的建议可以帮助团队做出更明智的决定。

综上所述，第一作者的认定应基于他在研究中的主要贡献和责任，通过考虑所有作者的意见，确保所有作者的贡献都得到适当的认可，并避免任何形式的偏见或不公平对待，可以确保第一作者的认定是公正和合理的。

第三节 通讯作者

通讯作者在学术文章的提交、修订和出版过程中扮演着关键角色，负责所有相关沟通事宜。通常情况下，通讯作者是研究团队中承担主要责任和领导职责的成员，例如项目负责人、实验室主任或资深研究员，对研究的整体构思和实施有着深刻的理解。在大学发表的文章中，多数情况下，学生作为第一作者，而导师或指导人作为通讯作者。在这种情况下，通讯作者往往承担了提出问题、发起研究、指导学生、分析数据、提供经费，撰写和修改文章等重要职责。

在论文发表过程中，通讯作者作为与期刊编辑和出版社的主要联络人，须确保能够迅速响应编辑和审稿人的咨询。在潜在的利益冲突出现时，通讯作者有责任确保所有作者的利益冲突得到适当披露，并依照期刊的规定予以处理。

通讯作者还承担着监督论文发表过程的职责，包括负责或监督论文的提交、修订以及最终发表，确保所有作者对论文的修订和最终版本有充分的了解并达成一致。他应保持作者贡献的透明度，确保每位作者的贡献都被准确地记录在案，并在论文发表后处理任何关于作者贡献的疑问，包括提供补充材料、回复读者询问等。

此外，不同期刊可能对通讯作者有特定的指导原则和要求。因此，在发表论文时，作者应遵循目标期刊的政策和指导原则，确保论文符合所有出版标准。

第四节 多人合作项目中的贡献认定

有的时候，为了全面评估每位作者的贡献大小，并确定合适的署名顺序，需要对每位作者的贡献达成共识，可以采用以下方法。

（1）贡献评估表：设计一个贡献评估表，列出每位作者在项目中的主要职责和贡献，所有作者都可以填写这个表格，以便更全面地了解每位作者的贡献。贡献可分为主要和次要，主要贡献者通常位于署名列表的前部，而次要贡献者则位于后部。

（2）贡献讨论会：组织一个贡献讨论会，让所有作者和指导者参与讨论，在会议上，每位作者可以介绍自己的贡献，并讨论其他作者的贡献。基于贡献的大小和作者在项目中的角色来确定署名顺序。在此过程中，应保持开放和尊重的态度，避免任何形式的强迫或不公平对待。

（3）投票表决：以匿名或公开投票的方式，来评估每位作者的贡献大小，投票结果可以作为确定贡献大小的参考，但最终决定应基于所有作者的共识。

（4）专家评审：邀请外部专家对项目进行评审，并评估每位作者的贡献，专家的评审意见可以作为决定贡献大小的参考。

（5）量化贡献：尝试将每位作者的贡献量化，例如计算作者的工作时间、完成的工作量等，这样有助于更客观地评估每位作者的贡献大小。贡献量的评估应基于客观标准，尽量减少主观偏见的影响。在评估署名顺序时，可以参照相关学术领域的规范和期刊的具体要求，以了解常见的署名惯例和规定。

（6）指导者和评审者的意见：指导者和评审者的意见可以作

为确定贡献大小的参考，他们的经验和建议可以帮助团队更准确地评估每位作者的贡献。如果项目中存在导师或指导者，他们的意见应作为重要的参考依据，因为导师通常对学生的贡献有更全面的了解，他们的建议有助于团队做出更合理的决定。

在多人合作的科研项目中，确定作者署名的顺序是一个既复杂又敏感的环节，它需要综合考量每位作者的具体贡献、项目的组织结构以及合作团队之间的共识。通常情况下，署名顺序是根据每位作者对项目的实际贡献来确定的。因此，所有作者都应清晰地了解并界定自己的贡献，无论是理论构建、实验设计、数据收集、数据分析、结果撰写还是资金支持等方面。

整个决策过程应该是透明和公正的，确保每位作者都有机会表达自己的观点和感受。如果可能，应记录下讨论的过程和决策的理由，以供未来参考。最终目标是达成所有作者的一致同意，尽管这可能需要时间和耐心。如果无法达成一致，可能需要寻求第三方调解，如学院或研究机构的委员会。

随着时间推进，作者的贡献可能会发生变化，因此署名顺序也应相应地进行调整。任何重大的贡献变化都应在署名顺序中得到体现。

第五节　其他方面

【署名变更】　在论文发表后，如果发现署名有误或作者贡献不实，应及时与期刊编辑沟通，进行署名变更或撤稿。变更署名时，所有相关作者应达成一致意见，并确保新的署名顺序能够反映实际的贡献情况。

【署名争议】　在出现署名争议时，应依据实际情况和贡献大小，公正合理地确定作者的署名顺序。涉及署名争议时，应保持沟通和协商，避免冲突升级，并寻求第三方调解。

【署名规范】 遵循学术规范和期刊要求，使用正确的署名格式和顺序。在论文中明确指出每位作者的贡献，如数据收集、数据分析、结果讨论等，以增强署名的透明度。

【署名权保护】 论文作者有权保护自己的署名权，防止他人冒用或篡改署名，在必要时，可以通过法律途径维护自己的署名权，防止学术不端行为。

第十二章　学术诚信、伦理、职业道德和利益冲突

学术诚信、伦理、职业道德和利益冲突是四个相互关联但各有侧重点的方面，它们共同指导着学术写作的规范和标准，遵循学术诚信、伦理道德、职业道德和避免利益冲突的原则，有助于确保研究的质量、诚信和可靠性，维护学术界的公信力和知识的准确性，促进学术交流的健康发展。

第一节　学 术 诚 信

学术诚信是指在学术研究和教育活动中坚持诚实、公正、客观和真实的原则。学术诚信是科学研究领域中的一个基本要求，它涉及研究的各个方面，包括研究设计、数据收集、数据分析、论文撰写和论文发表过程。以下是一些关于发表文章中常见学术诚信的关键点。

【数据真实性和完整性】　研究人员必须确保所报告的数据是真实、准确和完整的，未经过篡改或伪造，任何数据的增删改都应基于科学合理性，其应保证在实验误差的范围内，且必须在

论文中明确说明。

【抄袭和剽窃】　应完全避免抄袭和剽窃他人的工作，所有引用他人的研究成果、理论、数据或图表都必须给出恰当的引用和致谢。没有正确引用的使用他人文字或观点是严重违反学术诚信的行为。

【作者署名和贡献】　只有对研究有实质性贡献的人才应该被列为论文的作者，署名顺序应反映出每位作者对研究的贡献程度，虚构作者或故意不列某些贡献者都是不道德的行为。

【利益冲突】　作者应披露所有可能的利益冲突，包括财务关系、职务关系或其他可能影响研究结果和解释的利益关联，这些信息对于读者全面评估研究的重要性至关重要。

【重复发表】　同一研究成果的多次发表（即“一稿多投”）是不被接受的，除非是在不同出版物中针对不同读者群体的特定改编，且这种情况也需要明确标注。

【遵循研究伦理】　特别是在涉及人类或动物实验的研究中，研究人员必须遵循相应的伦理准则和法律法规，确保研究的道德性和合法性。

【同行评审过程的诚信】　在同行评审过程中，评审者应保持公正和客观，避免基于个人关系或利益来评价论文。同时，作者和评审者都应保守论文内容的机密性。

【责任和问责】　论文发表后，如果发现错误或造假行为，作者和出版机构都应承担相应的责任，并采取必要的纠正措施，以维护学术记录的准确性和完整性。

第二节　职业道德

论文发表中的职业道德是指在学术写作、审稿、编辑和出版过程中，所有参与者应遵循的一套伦理准则和行为规范，旨在确保研究的质量、诚信和透明度，同时保护作者的权益、读者的利益以及科学知识的准确性和可靠性。以下是论文发表中职业道德的一些关键方面。

【作者的诚信】 作者有责任确保其工作的原创性，避免抄袭和剽窃，他们应诚实报告研究结果，不论结果是正面还是负面，并且不应隐瞒任何可能影响研究结果解释的信息。此外，作者应确保所有合作者都符合署名标准，并且对论文的内容有充分的了解和同意。

【审稿人的公正和保密】 审稿人应基于论文的质量和科学价值提供客观、公正的评价，而不应受到作者的知名度、国籍、性别、种族或所属机构的影响。审稿过程应保密，审稿人不得泄露论文内容或利用论文中的信息来谋取个人利益。

【编辑的责任和公正】 期刊编辑负责确保审稿过程的公正性和效率，他们应确保审稿人具备适当的专业知识，避免利益冲突，并监督审稿过程的公正性，编辑还应保护作者的知识产权，确保论文的出版及时、准确。

【出版透明度】 出版过程应透明，包括审稿决策的理由、对作者的建议和修改要求等，这有助于作者理解审稿决策，也有助于维护期刊的信誉。

【避免利益冲突】 所有参与者都应披露可能影响其判断的任何利益冲突，包括财务关系、学术竞争、个人关系等，这有助于避免偏见的产生，并确保决策的公正性。

【尊重知识产权】 在处理投稿时，编辑、审稿人和出版机构都应尊重作者的知识产权，未经许可不得使用或披露论文内容。

【维护学术记录的完整性】 一旦发现已发表的工作存在错误或造假行为，相关期刊应迅速采取行动，包括发表更正、撤稿或通报学术界。

【遵守国际标准和法规】　论文发表应遵循国际学术标准和法规，包括版权法、隐私保护、数据保护法规等。

以下是一些常见的论文发表过程中的职业道德违规示例。

（1）数据造假：研究人员可能为了获得特定的研究结果而伪造或篡改实验数据，这种行为严重误导了同行评审和公众对研究结果的理解。

（2）剽窃：在撰写学术文章时，作者直接复制他人的工作内容，包括文字、观点或研究成果，而未给予适当的引用或致谢，这是对他人知识产权的侵犯。

（3）不当审稿：期刊审稿人可能因个人关系或利益而接受或拒绝论文，而不是基于论文的质量和科学价值进行客观评估。

（4）贿赂编辑或审稿人：作者可能试图通过贿赂编辑或审稿人来加快文章的审稿过程或确保论文的发表，这种行为破坏了学术出版的公正性。

（5）泄露机密信息：审稿人可能向外界透露未发表的研究信息，这不仅侵犯了作者的知识产权，也可能损害研究的完整性。

（6）不公正竞争：在审稿过程中，作者可能通过拖延审稿或编辑过程来推迟与自己研究相似的文章的发表，这种行为违反了公平竞争的原则。

（7）职业歧视：在审稿过程中，审稿人或执行编辑基于单位、国别、团队、特殊个人或其他非职业相关因素歧视或偏袒作者，这种行为破坏了学术出版的公正性和多样性。

（8）利益冲突：审稿人可能具有知识产权或其他利益冲突，这可能导致他们对论文的评价不客观，违反了审稿的公正性。

（9）滥用职权：单位主管可能利用职权要求在没有实质性贡献的情况下挂名作者，这种行为违反了学术诚信和职业道德。

这些违规行为不仅损害了学术界的公信力，也破坏了学术研究的质量和完整性。因此，所有参与学术出版过程的个体都应该严格遵守学术诚信和职业道德的原则，以确保学术界的健康发展。

第三节 学术伦理

学术伦理通常指的是在学术研究和教育活动中所遵循的道德原则和标准，它涉及研究的设计、执行、报告以及研究成果的传播等方面，包括对研究参与者的保护、数据的真实性、剽窃的避免、成果的公正评价等。学术伦理关注的是研究过程中道德的正确性，确保学术活动对社会负责，不造成伤害，并促进知识的诚实传播。

1. 研究伦理

【知情同意】 确保研究对象或参与者被告知研究的目的、过程、潜在风险和利益，并在充分理解的情况下自愿参与。

【隐私和保密】 保护研究参与者的隐私，确保个人信息不被未经授权的第三方获取。

【动物实验】 如果研究中涉及动物，必须遵守相关的动物福利和伦理准则。

2. 作者和贡献者伦理

【适当署名】 确保所有对研究有实质性贡献的人都被列为作者，并且所有作者都同意最终的稿件和提交。

3. 数据伦理

【数据真实性和完整性】 确保所有数据和结果都是真实、

准确和完整的，不得伪造或篡改。

【数据共享】 鼓励数据共享以提高研究的透明度和复现性，但需遵守隐私和保护敏感信息的要求。

4. 出版伦理

【重复发表】 避免将相同或非常相似的研究内容在多个期刊上发表，这被视为不道德的行为。

【剽窃】 不得抄袭他人的工作，包括文字、想法、数据或图像，所有引用他人的工作都必须正确引用和致谢。

【利益冲突】 必须披露可能影响研究客观性的所有利益冲突。

5. 审稿伦理

【保密性】 审稿人需要对审稿过程和稿件内容保密，不得泄露给未经授权的第三方。

【客观性和公正性】 审稿人应基于文章质量和科学性提供公正的评审意见，不得因个人关系或竞争关系影响评审结果。

6. 版权和知识产权

【版权侵犯】 未经许可不得使用受版权保护的材料，如文本、图像或数据。

【知识产权】 尊重他人的知识产权，包括专利、版权和商标。

第四节　利益冲突

利益冲突是指个人或组织的私人利益与其官方职责或公共利

益发生冲突的情况，当个人的利益可能影响其客观判断或公正行为时，利益冲突就会出现。在学术和职业领域，利益冲突可能涉及财务利益、个人关系、竞争地位等，它可能导致对诚信、客观性或公正性的损害。

【财务利益冲突】 发生在作者（或其家庭成员）身上，例如从与文章内容相关的公司、机构或个人那里获得财务收益（如金钱、股票、专利、版权等）。

示例：某医学研究人员在一家制药公司担任顾问，并参与了该公司一项新药的临床试验，该研究人员随后撰写了一篇关于该临床试验结果的文章，准备投稿至学术期刊。在投稿过程中，该研究人员未在文章中披露其与制药公司的财务关系，即接受该公司资金进行研究的事实。这种情况下，研究人员与制药公司之间的财务联系可能影响其客观性和研究的真实性，构成财务利益冲突。

按照学术出版界的伦理规范，研究人员应当在与制药公司的财务利益冲突中保持透明，即在文章发表时明确声明其与制药公司的财务联系，以便读者和同行评审者评估文章内容的客观性和真实性。

【职业利益冲突】 与作者职业发展或声誉相关的收益，如获得晋升、奖项或认可。

示例：假设有一位大学教授同时也是一家科技公司的董事会成员，这位教授的研究团队开发了一项新技术，该技术可能对这家科技公司产生重大影响。当教授准备将研究成果发表在学术期刊上时，他可能会考虑到自己的双重角色：一方面作为学术研究者追求知识传播和学术成就，另一方面作为公司董事会成员希望保护公司的商业利益。如果在文章发表过程中，教授未能充分披露其与公司的关系，或者由于他的双重角色而影响了研究的客观性和完整性，这就构成了职业利益冲突。例如，教授可能会倾向于强调研究的正面结果，同时淡化或忽略潜在的负面信息，以保护公司的商业前景。

为了维护学术出版的诚信，教授应当在投稿时向期刊编辑披露其与公司的关系，并可能需要避免参与文章审查过程或在文章发表后进行适当的声明，以确保读者能够全面了解研究背景和潜在的利益冲突。

【个人利益冲突】　包括个人关系、敌意或偏见等，可能会影响作者对数据的解释或报告。

示例：假设一位研究人员正在研究一种新的减肥药的效果，这位研究人员恰好是这种减肥药的忠实用户，并且个人相信这种药物非常有效，在进行研究时，研究人员可能会无意识地倾向于收集和报告那些支持药物效果的数据，而忽略或质疑那些表明药物效果不明显或存在副作用的证据。这种情况下，研究人员对减肥药的个人信仰和经验构成了个人利益冲突，可能影响研究的客观性和结果的公正呈现。

为了确保研究的透明度和客观性，研究人员应当在文章中披露其个人使用该药物的情况，并采取措施确保研究设计的科学性和数据分析的客观性，例如通过同行评审和合作研究来减少个人偏见的影响。

【知识产权利益冲突】　若作者拥有与研究相关的专利或知识产权，则可能影响他们对研究结果的表达和解释。

示例：假设一位科学家在一家大学工作，并在进行一项可能具有商业价值的研究，这位科学家与大学签订的合同规定，任何由其在该大学工作期间产生的研究成果的知识产权都属于该大学。在研究过程中，科学家发现了一些重要的数据，这些数据可能表明其研究成果具有广泛的应用潜力。当科学家准备将研究成果发表时，他意识到，如果这些数据被公开，可能会降低大学将来从这项研究中获得专利保护的可能性，因为公开的数据可能会影响专利的新颖性和非显而易见性。此外，如果这项研究被提前公开，可能会吸引竞争对手的注意，导致他们快速跟进并可能抢占市场份额。在这种情况下，科学家可能面临知识产权利益冲突，因为他需要在保护研究成果的知识产权和遵守学术出版的要求之间找到平衡。

为了解决这种冲突，科学家可能需要与大学的知识产权办公室合作，确保在发表文章之前采取适当的措施来保护潜在的知识产权，例如先申请专利，同时在文章中保留一些关键信息，直到专利申请得到处理。在文章发表时，科学家应当披露其与大学之间的知识产权关系，以确保透明度。

【赞助利益冲突】 当研究资金来自可能影响研究结果呈现方式的公司或组织时，可能会影响作者对研究结果的表达和解释。

示例：假设一家大型烟草公司赞助了一项关于吸烟对健康影响的研究，并希望研究结果能够支持其商业利益，研究人员在开展这项研究时，可能会感受到来自赞助方的压力，要求其研究设计和结果报告偏向于赞助方的利益。在研究过程中，研究人员发现了一些表明吸烟对健康有严重负面影响的数据。然而，由于烟草公司的赞助，研究人员可能会面临赞助利益冲突，这可能会影响他们对这些数据的解释和报告。例如，研究人员可能会被诱导强调研究的局限性，或者不全面地报告那些表明吸烟有害健康的数据。

为了解决这种赞助利益冲突，研究人员应当确保研究的独立性和客观性，并在文章发表时充分披露赞助来源。此外，研究设计和执行应当遵循科学原则，确保数据的真实性和完整性。在某些情况下，可能需要独立的第三方机构来监督研究的执行，以确保赞助方不会不当影响研究过程和结果报告。

如果存在重大利益冲突，期刊可能会采取额外的措施，如要求额外的同行评审或发表声明，以确保透明度；或要求作者签署科学诚信原则声明等。

附录：

组织学生分组讨论学术诚信、伦理、职业道德和利益冲突对发表论文的影响，并鼓励学生结合实际情况，讨论不清楚的地方或存在的争议。

第十三章　投稿与论文修改

科研论文的发表流程涵盖了投稿、论文修订、校对清样等多个环节，这些步骤共同作用，使论文能够根据评审人的反馈得到进一步的完善，从而显著提升其学术价值和影响力。因此，论文评阅过程对于提高研究质量、促进学术交流具有不可忽视的重要性。

在投稿与修订的全过程中，作者应保持积极乐观的态度，与期刊编辑和审稿人保持良好的沟通，及时回应审稿意见，并确保论文的完善。这一过程不仅对作者的研究能力和写作技巧的提升至关重要，也是作者学习和成长的机会。

第一节　投稿的基本过程

通常情况下，投稿的过程大致可分为以下几个阶段。

【期刊选择】　作者需基于论文的主题、研究质量、影响力以及期刊的声誉，精心挑选一个最契合的期刊进行投稿。

【准备投稿材料】　在正式投稿之前，作者需详读目标期刊的投稿指南，并据此修改论文格式、调整引用规范，确保文章长度符合期刊的要求和限制，并准备所有必要的文件资料。

【正式投稿】 作者需撰写一封封面信，上传所有必要的信息、稿件内容及其相关图表，并推荐合适的审稿人。

【论文修订】 收到审稿意见后，作者需认真审阅并理解审稿意见和建议。根据这些意见，作者需重新审视和核实数据结果，确保其准确性和可靠性，并调整论文结构，包括修改摘要、引言、方法、结果和讨论等部分。如果审稿人要求提供补充材料，作者需按要求提供相关材料，如额外的数据、图表或参考文献。在修订过程中，作者可能需要对论文进行多次修改和重写，以提升论文的整体质量。

【重新提交修订稿】 作者需撰写一份书面回应，针对评审人的意见和建议逐点回复，并说明对论文所作的修改。此外，还需再次准备相应的封面信，并上传标出修改部分的修订稿。有些期刊要求同时上传标出修改部分和未标出修改部分的修订稿。

【最终校对】 收到清样后，作者需对最终稿件进行仔细校对，确保文字、数据、图表、公式、作者信息、地址等所有细节准确无误。校稿时，作者还需回应出版社提出的问题，并提供所需补充信息。请注意，校对清样是论文发表的最后一步，一旦提交校对过的清样，论文将正式发表，届时任何内容都不得再作修改。投稿过程中所涉及的各个环节如图 13-1 所示。

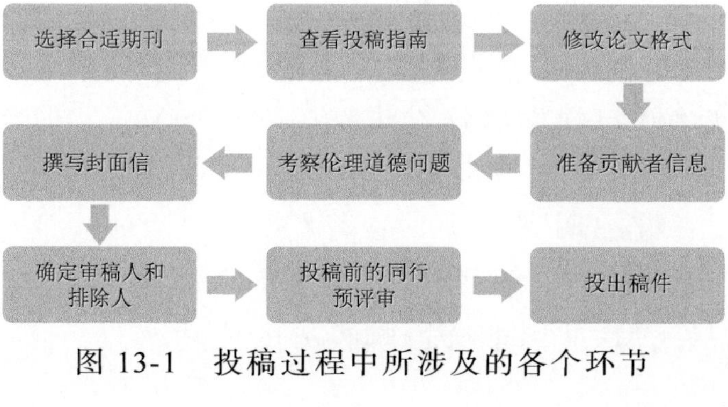

图 13-1 投稿过程中所涉及的各个环节

第二节 选择合适的期刊

选择合适的期刊是发表论文的一个关键步骤，它直接影响到论文的接收率和影响力。以下是选择期刊时要考虑的一些因素。

【确定论文主题】 首先要明确论文的研究主题和领域，以缩小期刊的选择范围。

【参考文献回顾】 通过查阅相关的文献，了解论文相关领域主要的期刊。查看论文引言的文献综述部分，可以获得一定的期刊信息。

【期刊影响因子】 目标期刊的影响因子和分区情况可以反映期刊在学术界的声誉和影响力。高影响因子的期刊通常意味着更广泛的影响力。而分区情况体现了期刊在一定区域范围的被认可度。

【期刊范围和专长】 仔细阅读期刊的介绍和投稿指南，了解期刊的研究范围和专长，确保论文主题与期刊的研究方向相符。

【审稿周期】 考虑期刊的审稿周期，选择审稿周期较短的期刊可以加快论文的发表进程。

【同行建议】 了解同行、导师或领域内的专家对目标期刊的评价，选择同行评审过程公正且严谨的期刊。

【目标读者群】 考虑论文的目标读者群，选择那些最可能吸引目标读者群的期刊。

【发表记录】 了解目标期刊是否对作者国籍、性别、机构等因素有偏好，这些可能会影响投稿的成功率。

第三节　选择合适的审稿人

选择潜在审稿人时，应考虑申报人的专业背景、学术声誉等因素。一般来说，审稿人应该具备与投稿论文相匹配的专业背景和知识领域，他们应该熟悉论文的主题，甚至对论文的主题有深入的研究和理解，能够提供专业的评审意见。具有良好学术声誉的审稿人，他们的研究工作得到了同行的广泛认可，会倾向于提供更客观的审稿评价。审稿人的学术声誉往往能从他们所发表的文章（数量和期刊）、获得的荣誉和研究经费等方面体现出来。如果期刊允许作者推荐审稿人，通常建议推荐 3～5 位潜在审稿人。审稿人的选择可以考虑以下几个方面。

【小同行（small peer group）】通常是指在同一研究主题上发表过文章的作者、特定领域的专家或具有专业知识的研究人员，他们能够对论文的质量提升起到重要作用。

【引用作者】　包括引用过你前期工作的文章作者，以及被你文章引用的作者，他们要么了解你的研究，要么与你在一定的研究领域有交集，因此能提出专业的建议。

【同行或导师推荐】　可以参考投稿经验丰富的同行，尤其是那些在相同领域发表过文章的同行，以及导师的推荐，这些推荐有助于期刊投稿的成功。

【数据库】　许多期刊提供了审稿人数据库，作者可以在其中搜索潜在的审稿人。此外，还可以从学术数据库（如 Web of Science, Scopus）和社交媒体平台（如 ResearchGate, Academia.edu）搜索相关领域的专家，作为潜在的审稿人。

【其他途径】　如在学术会议、研讨会或学术交流活动中遇到的同一领域的活跃研究者。

潜在审稿人的来源如图 13-2 所示。

需要强调的是，作者所推荐的潜在审稿人只是一种建议，是否被录用完全取决于期刊编辑，如果编辑没有采纳作者的建议，作者应尊重编辑的决定，并相信编辑会做出最适合期刊和论文的选择。

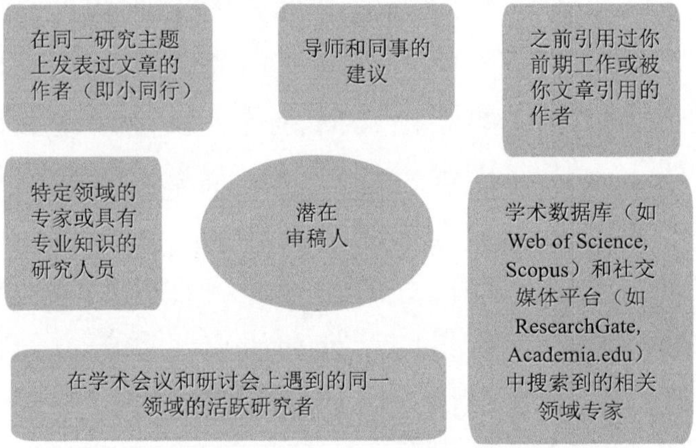

图 13-2 潜在审稿人的来源

第四节 撰写投稿封面信

在递交稿件时，作者可以撰写一份清晰、简洁的封面信，以帮助编辑和审稿人更好地理解论文的内容和研究价值。一份有说服力的封面信，往往包含以下内容。

1. 开头部分

简要介绍自己和论文的研究背景、说明所涉及研究的重要性，以及它与当前学术背景的相关性。

2. 中间部分

• 明确阐述研究目的，包括试图解决的科学问题或假设，高层次概述所采用的研究方法和设计，以展示作者是如何回答研究问题或测试假设的，总结文章的主要结果。

• 突出研究价值，阐述论文的创新之处、研究意义和对该领域的贡献，在确保突出关键发现的同时，避免详细描述数据。

• 与期刊的相关性：说明为什么该文章和研究与期刊的宗旨和范围相符，为什么它对期刊的目标读者具有吸引力。

• 如果期刊允许，可以在封面信中推荐 3～5 位潜在审稿人。

3. 结尾部分

感谢编辑和审稿人对论文的关注和支持。

注意格式和语言，确保封面信的格式整洁，语言简洁明了，避免使用过于夸张或过于谦卑的语言。

以下是一个常见的模板：

Dear Editor,

I am writing to submit our manuscript entitled [*manuscript title*] for consideration for publication in *[journal name]*. We believe that our work makes a valuable contribution to the field of *[research area]* and is well suited to the goals and scope of your journal.

This paper reports on *[a brief description of the study and its main findings]*. The study was designed to *[state the purpose of the study]*, and it used *[a brief mention of the methodology used]*. Our main findings indicate that *[summarize the main findings and their significance]*. Our work is innovative in *[describe the key innovation of the work]* and it could *[explain the scientific value]* of this research.

We believe that these findings will be of interest to the readers of *[journal name]*, particularly in the areas of *[highlight the attractive]*.

The manuscript has not been previously published and is not under consideration for publication elsewhere. All authors have read and approved the final version of the manuscript, and we confirm that the work conforms to ethical standards, including informed consent and protection of privacy.

We suggest the following potential reviewers for our manuscript:

1. [Reviewer Name 1]

Affiliation: [Reviewer Affiliation 1]

Email: [Reviewer Email 1]

2...

We have excluded [*any individuals who may have a conflict of interest, such as recent collaborators or competitors*].

We respectfully request that you consider our manuscript for publication in *[journal name]* and we would be happy to provide any additional information or answer any questions you may have. We look forward to your favorable consideration of our submission.

Thank you for your time and consideration.

Sincerely,

[Your Name]
[Your Affiliation]

需要明确的是，封面信不是简单重复文章中的章节（如摘要）。封面信与摘要在学术论文提交过程中扮演着不同的角色。

封面信的主要目的是迅速向编辑展示作者的核心研究内容和重要性。它应该简洁明了地概述作者的研究解决了哪些问题、提出了哪些新概念，以及对相关研究领域做出了哪些贡献和推动。封面信是作者对自己研究成果的重要补充，旨在赢得编辑的认可，使稿件能够顺利进入审稿流程。

第五节 回复审稿意见

在收到杂志社发来的审稿意见后，有效地回复审稿意见是论文发表过程中至关重要的一环，审稿意见的回复直接影响审稿人对论文的推荐倾向，因此，对此应予以高度重视。以下原则有助于作者在回复审稿意见时保持高效性和针对性。

（1）深入理解审稿意见：首先要仔细阅读并完全理解审稿人的每一条意见，包括他们对论文的整体评价、论文的优点以及提出的具体问题和建议。

（2）总结审稿意见：将审稿意见整理成一份清单，明确列出每一条问题和意见。

（3）评估审稿意见：根据审稿人提出的问题和不足，考虑如何回应、是否需要补充实验数据，以及在内容上的补充和解释。

（4）逐点回复：逐点回应审稿意见，对每个问题和意见给出直接且充分的答复，避免绕弯子或过多的解释，以免引起额外的问题。需要注意的是，审稿意见旨在提升文章质量，而非仅仅解决审稿人的个人疑问，因此，每项回复均应体现在对论文的实质性修改上。

（5）提供具体证据：根据具体情况，决定是否提供额外的证据来支持作者的立场和修改，这可能包括额外的数据、图表、参考文献等。

（6）保持礼貌和专业：在回复中保持礼貌和专业，即使对某些意见有异议，也要用礼貌和尊重的方式表达。

（7）突出重点：在回复中，强调那些对论文质量和影响力影响最大的审稿意见，确保这些问题得到了充分的关注和解决。

（8）考虑实际难度：如果审稿人的建议不合理或超出文章的研究范围，不一定要完全接受审稿建议。在这种情况下，需要给出充足的理由，解释不采纳建议的原因，并提供替代方案，如开展专项研究并单独发表。

（9）检查回复和修改内容的一致性：确保修改内容与回复信中的内容一致，并在修改的最后阶段对整个论文进行整体检查，以确保理论的一致性、内容的完整性和简洁性。

遵循这些原则，作者可以更有效地回应审稿意见，提高论文的质量和发表的可能性。

第六节　论文审稿人注重的方面

审稿人在审稿过程中通常会注重以下几个方面。

【原创性和创新性】 审稿人首先会评估论文的原创性，即论文是否提供了新的见解、方法或结果，他们还会检查论文的研究是否在学术界产生了新的贡献。

【研究设计】 审稿人会仔细审查研究的设计，包括研究方法、数据收集和分析的严谨性，他们会对研究的假设、样本选择、实验设计、统计分析等提出问题。

【数据质量】 审稿人会评估数据的质量和完整性，他们可能会对数据的来源、收集过程、处理方法以及数据的可靠性和有效性提出质疑。

【结果和讨论】　审稿人会关注论文的结果是否清晰、准确，并且会关注讨论部分是否充分解释了结果的含义，以及这些结果如何与现有的文献和理论相联系。

【结论】　审稿人会检查结论是否基于结果得出，以及是否提供了对未来研究的指导或建议。

【写作质量】　审稿人还会评估论文的写作质量，包括清晰度、逻辑性、语法和拼写错误，他们可能会建议作者改进论文的表述和结构。

【引用和参考文献】　审稿人会检查参考文献是否充分，是否包含了最新的相关文献，以及引用的格式是否符合期刊的要求。

【图表和数据展示】　审稿人会评估图表和数据是否清晰、准确地展示了研究结果，以及是否有助于读者理解论文的内容。

此外，审稿人还会评估以下方面。

【伦理和道德问题】　如果研究涉及伦理或道德问题，审稿人可能会检查是否遵循了适当的指导原则，是否获得了必要的批准或同意。

【出版价值和目标期刊的适合性】　审稿人还会评估论文是否适合目标期刊的读者群体，以及论文的出版价值。

此外，审稿人也会比较在意影响论文质量和可读性方面的写作问题，具体包括以下几点。

【夸大其词】　审稿人可能会对作者过度强调研究结果或结论的普遍性或重要性表示关注。如果作者声称他们的研究具有广泛的应用或对某个领域有重大影响，审稿人可能会要求作者提供更具体的证据或数据来支持这些说法。

【含糊不清的表述】　如果论文中的某些部分表述模糊，审稿人可能会要求作者提供更清晰、具体的描述，这可能包括对研究方法、结果和结论的详细解释。

【逻辑不连贯】 审稿人可能会关注论文中的逻辑结构是否合理，各部分内容是否逻辑清晰、连贯一致。如果论文的结构混乱，审稿人可能会要求作者重新组织内容，以确保逻辑的连贯性。

【重复内容】 审稿人可能会关注论文中是否存在重复内容，尤其对于摘要、引言、结果和讨论等部分。如果存在重复，审稿人可能会要求作者删除重复部分，以提高论文的可读性。

【缺乏细节】 审稿人可能会关注论文中是否存在缺乏细节的问题，尤其是对于研究方法、实验设计和数据处理等部分。如果缺乏细节，审稿人可能会要求作者提供更多的信息，以确保研究的可复制性。

【语法和拼写错误】 审稿人可能会关注论文中的语法和拼写错误，这些问题可能会影响论文的可读性。如果存在错误，审稿人可能会要求作者进行修改。

【不恰当的引用】 审稿人可能会关注论文中的引用是否恰当，尤其是对于直接引用、转引和参考文献的格式。如果引用不当，审稿人可能会要求作者进行修改。

【缺乏清晰的标题和摘要】 审稿人可能会关注论文的标题和摘要是否清晰、准确地反映了论文的内容。如果标题和摘要不明确，审稿人可能会要求作者进行修改。

【缺乏明确的结论】 审稿人可能会关注论文的结论是否明确、有说服力。如果结论不明确，审稿人可能会要求作者进行修改。

【不恰当的术语和缩写】 审稿人可能会关注论文中是否使用了不恰当的术语和缩写。如果使用不当，审稿人可能会要求作者进行修改。

了解这些问题，可以帮助作者提高论文的写作质量，确保论文的准确性和可读性。

第七节 清样校对过程中的常见问题

一旦论文被期刊接收，后续工作将由出版社负责，包括将论文制作成最终的发表样式，即清样。这一过程是确保论文最终版本准确无误的关键环节。在清样校对过程中，作者需要注意以下几个问题。

（1）准确性和一致性：确保所有文字、数据、图表、公式、作者信息、地址等都是准确无误的，注意检查单词拼写、标点符号、数字格式、单位符号等细节。

（2）逻辑和连贯性：检查论文的结构是否合理，各部分内容是否逻辑清晰、连贯一致。确保摘要、引言、方法、结果和讨论等部分的内容与标题和结论相呼应。

（3）引用和参考文献：检查所有引用的文献是否准确无误，引用格式是否符合期刊要求。确保参考文献列表中的文献按照字母顺序排列，且与正文中的引用保持一致。

（4）图表和图片：仔细检查所有图表和图片的清晰度、标注和格式。确保图表中的数据准确无误，图片的分辨率符合期刊要求。

（5）作者信息：确认所有作者的信息，包括姓名、单位、联系方式等是否准确无误。

（6）致谢信息：确认致谢内容，包括姓名、单位、基金名称和基金号等是否准确无误。

（7）校对和修改：在提交校对稿之前，进行多次校对和修改，确保没有遗漏或错误。

（8）及时提交：在规定的时间内完成校对工作，并及时提交校对过的清样。确保在提交前仔细检查一遍，以避免任何遗漏或错误。

注意，一旦提交校对过的清样，论文将被正式发表，任何内容都不得再作修改。

第八节 关于更改作者名单

在论文投稿过程中，更改作者名单可能会对论文的发表产生一定的影响，具体取决于期刊的规则和编辑的判断，不同的期刊对于作者的添加或减少有不同的规定，一些期刊可能允许在投稿过程中更改作者名单，而其他期刊则可能不允许。因此，了解目标期刊的具体规则至关重要。

作者的添加或减少可能会影响论文的学术贡献和质量，如果添加的作者确实对论文的研究做出了实质性贡献，那么这可能会增加论文的价值。相反，如果添加的作者没有实际贡献，这可能会损害论文的学术声誉。编辑在决定是否接收论文时会考虑多种因素，包括作者的添加或减少，如果编辑认为作者的变更对论文的质量和完整性有负面影响，他们可能会拒绝接收论文。另外，评审过程中，审稿人也可能会对作者的变更提出疑问，特别是在这一变动会影响论文的合著者对研究的责任和贡献的情况下。

为了避免这些不利的因素，作者应遵守期刊规则，尽量在提交论文之前确定好作者名单，并了解期刊的作者变更政策，确保所有作者都明确知道他们被添加或减少的原因，并同意这一变更。如果添加作者，确保他们确实对研究有贡献，并同意被列为作者。如果必须减少作者，提供充分的理由，并解释变更对论文的影响。在论文修改过程中，变更作者，应与编辑沟通作者变更的情况，并询问他们对此的看法。总之，作者在论文投稿过程中添加或减少作者时应谨慎，并确保遵守期刊的规则，同时保持论文的学术质量和完整性。

附录：

组织学生分组讨论，让有投稿经验的学生分享自己的心得，并对具体存在的问题进行详细讨论。讨论的内容不仅限于投稿过程和如何回复审稿意见，还可以涉及其他方面的问题，如校稿、更改作者、更换图表、添加数据等。

第十四章　其他类型学术文章

科技期刊中包含了多种类型的文章，它们在科研活动中各司其职，共同推动着学术领域的进步，选择合适的文章类型对于精确表达研究成果和学术观点至关重要。

第一节　学术文章的种类

学术文章根据内容和形式的不同，可以分为以下几种主要类型。

1. 科研论文（research article）

这是最常见的一种学术文章形式，通常包括引言（introduction）、方法（methods）、结果与讨论（results and discussion）（即 IMRAD），以及结论等内容，主要用于报告新的研究成果，包括实验数据和理论分析。

2. 综述性论文（review article）

对某一领域或某一课题进行综合性的回顾和总结，介绍研究现状、进展和存在的问题，帮助读者了解该领域的全貌，提供进一步研究的思路和方向。

3. 案例报告（case report）

常见于医学类的论文，报道某一罕见病例或具有典型意义的临床病例，侧重于病例的临床表现、诊断和治疗过程，对临床医生具有参考价值。

4. 方法论论文（methodology article）

介绍某一种新的研究方法、技术或模型，重点阐述该方法的原理、操作步骤和应用范围，有助于推动科研方法的创新和改进。

5. 评论性论文（commentary article）

对某一研究领域或热点问题进行评论和解读，侧重于观点表达，对相关研究进行评价和展望，引导学术讨论和思考。

6. 社论或观点（editorial or perspective article）

通常由期刊编辑或领域内的专家撰写，对某一主题或议题发表观点，侧重于政策建议、学术观点的阐述，有助于引导学术界的关注和讨论。

第二节 科研论文

科研论文通常分为全文（full paper）、短讯（short communication）和信件（letter）等形式，其中短讯和信件合称为短文。它们是最常见的学术文章类型，通常包含完整的研究报告，包括背景、方法、结果和讨论。它们提供详细的数据分析、实验方法和理论框架，因此论文篇幅通常较长。全文往往遵循

IMRAD 结构。本书第五至第七章的内容主要是针对全文类的科研论文。

信件是一种较短的书面形式，用于快速传达研究成果、提出新观点或对已发表文章的评论。而短讯则是篇幅较短的研究报告，通常用于报告初步结果或小规模的研究。与全文相比，这两种论文的篇幅通常较短，更注重于快速传达关键发现或提出新观点。它们虽然结构紧凑，且有篇幅限制，但也要求报告完整的研究内容，因此非常考验作者的写作水平。表 14-1 列出了全文与短文的主要区别。

表 14-1 全文与短文的主要区别

比较项	全文	短文
长度和详细程度	较长，完整研究报告，包括背景、方法、结果和讨论。提供详细的数据分析、实验方法和理论框架	较短，注重快速传达关键发现或提出新观点。往往只包含最为关键的结果，省略了详细的方法和完整的讨论
结构和格式	通常遵循 IMRAD 结构，包括摘要、关键词、致谢和参考文献	通常只包含摘要、简短的结果和结论，以及参考文献，一般不包含详细方法
目的	发表全面的研究报告	快速分享新观点、初步结果
目标读者	学术界研究人员	研究人员和非专业读者
数据与证据的呈现	提供详细的数据、图表和统计分析，以支持研究结论	可能只包含最关键的数据或图表，以突出主要发现
发表速度和频率	发表过程可能较长，因为需要详细的同行评审和修订	发表速度快，因为它们较短，且可能经过较轻度的评审

此外，科研论文还包括一些专注于技术层面的论文，例如技术说明（technical note）和协议（protocol）。技术说明通常涵盖技术细节或对现有技术的改进，适用于发布实验方法或技术进展，这类文章适合向同行介绍新的实验技术或对现有技术的优化。而协议则详细描述了研究方法的步骤，以便其他研究者能够准确地复制或改进这些方法。这些技术性论文对于推动科研工作的可重复性和方法的标准化至关重要。

第三节　评述类论文

综述文章（review article）是对特定领域或主题的现有文献进行综合、分析和评价，旨在提供一个对该领域研究的全面概述，以及对未来研究方向的见解。在准备综述文章时，通常需要进行文献调研，并对已有文献进行分类、分析、归纳和总结。文献的组织可以采用各种不同的方法，如按照文献出版顺序、主体和概念、研究方法等，这些分类方法各具优势。

撰写综述时，首先要确定一个主题和范围，然后根据主题和范围进行广泛的文献调研，搜集与主题相关的文献资料，包括书籍、期刊文章、会议论文等，并对收集到的文献进行筛选，剔除与主题不相关或质量不高的文献，对筛选后的文献进行整理，按照一定的分类标准进行归类，如按照研究方法、研究对象、研究结果等。然后对整理后的文献进行深入分析，提取关键信息，总结现有研究的优点和不足，分析文献之间的联系和差异，找出研究中的热点、难点和争议点。根据文献分析的结果，确定综述的结构框架，包括引言、正文和结论等部分，确定各部分的主要内容，确保框架的合理性和完整性。一旦形成结构框架，就可以开始撰写综述的初稿，包括引言、正文和结论等部分。进一步对初稿进行反复修改，完善内容，提高质量。检查文献引用是否准确、完整，确保遵循学术规范，征求同行或导师的意见，根据反馈进行调整。根据初稿的内容，撰写摘要，概括综述的主要内容和研究价值，确定关键词，确保关键词的准确性和代表性。检查综述的格式，包括字体、字号、行间距、页边距等，确保符合投稿期刊的要求。最后提交综述，等待审稿和发表。常用的综述撰写顺序如图 14-1 所示。

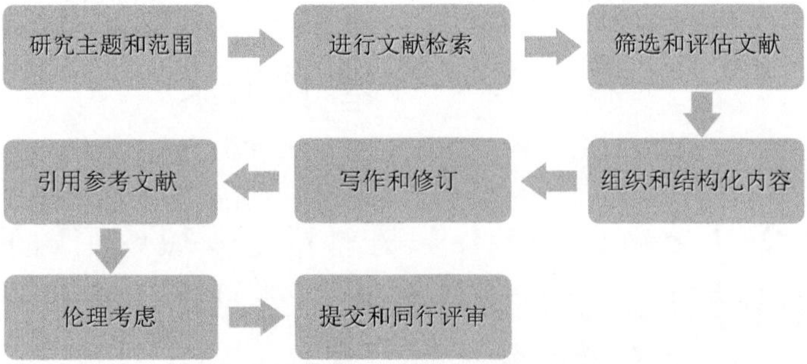

图 14-1　常用的综述撰写顺序

对文献的组织和分类是撰写综述的一个关键步骤，它体现了整个综述的逻辑性。文献的组织和分类可以采用不同的方法，以下是一些常用的方法和它们的优点。

【按时间顺序】 从早期的研究逐渐过渡到最新的研究，这种方法可以清楚地展示研究领域的发展历程和演变趋势。

【按主题或概念】 将文献按照不同的主题或概念进行分类，并在每个主题或概念下讨论相关的文献，该方法能突出不同研究之间的联系和差异，以及它们如何共同贡献于对某个特定主题的理解。

【按研究方法】 根据研究中使用的不同方法或实验设计来组织文献，该方法有助于分析不同方法在解决研究问题方面的优势和局限性。

【按理论框架或模型】 将文献按照所复合的理论框架或模型进行分类，有助于展示不同理论如何被应用于解释现象，以及这些理论的演变和发展。

【按研究结果或结论】 将具有相似发现的研究放在一起讨论，有助于强调某些一致的发现，并可能揭示研究中的趋势或模式。

【按地理区域或文化背景】 常用于跨文化或国际研究，有助于揭示文化差异对研究结果的影响。

【按研究质量和证据强度】 将文献按照研究质量、证据的强度或研究的可靠性进行分类，该方法有助于读者评估不同研究的可信度和适用性。

【按争议或未解决的问题】 有助于突出研究中的空白领域，为未来的研究提供方向。

【按政策或实践建议】 有助于展示研究如何影响政策制定和实践操作。

除了常见的综述文章，还有一些其他类型的评述论文，如社论（editorial）、观点（perspective）论文和评论（commentary）论文。社论通常由期刊编辑或特邀作者撰写，用于讨论当前的学术或社会热点、评论期刊内容或提出编辑政策。观点论文通常由领域内的专家撰写，提供对某一研究领域的个人见解、未来方向或对当前研究的评论。评论论文通常是对特定研究或话题的评论，可能是对已发表文章的解读、批评或扩展。

第四节　综述撰写常用提纲

1. 引言部分

【背景】 介绍主题背景，包括该领域的研究历史和发展趋势。

【研究的重要性】 阐述主题在学术和实践领域中的重要性和研究价值。

【目的】 明确综述的目的和目标，包括对现有文献的总结和未来研究方向的展望。

2. 方法部分

【文献检索策略】 描述检索过程，包括使用的数据库、关键词和检索时间范围。

【文献筛选标准】 介绍相关文献的筛选标准和筛选方法，包括排除的依据。

【文献分析方法】 描述如何分析文献数据，包括使用的工具和方法。

【数据来源的可靠性】 讨论所选文献的可靠性和代表性。

3. 结果部分

【文献综合】 综合呈现不同文献的研究结果和观点，包括主要的发现和趋势。

【结果分析】 对综合结果进行详细的分析和讨论，包括对关键观点和发现的解读。

【数据呈现】 使用图表、表格和文字形式清晰地呈现研究结果。

4. 讨论部分

【结果的意义】 解释研究结果对主题领域的意义和贡献。

【比较不同研究】 对比不同文献的研究结果和方法，指出差异和相似之处。

【研究差距和争议】 识别现有研究中存在的差距和争议，

分析其原因和影响。

【对未来研究的启示】　提出未来研究的可能方向和关注点。

5. 结论部分

【总结主要发现】　总结综述中的关键发现和观点。

【研究的局限性】　讨论综述的局限性和不足之处。

【实践应用】　探讨研究结果在实际应用中可能产生的影响和价值。

【展望未来】　展望该领域的发展趋势和潜在研究方向。

第五节　其他类型科技论文

1. 书章（book chapter）

书章是学术著作的重要组成部分，通常由多位学者共同撰写，汇集在同一部作品中，共同探讨一个核心主题或议题，旨在为学术书籍提供独特的视角，或为特定领域提供专家级的深度分析，吸引广泛的学术读者和专业人士。相较于期刊文章，书章通常篇幅较长，能够提供更为深入和全面的分析与讨论。它们可能包含丰富的历史背景、理论框架、方法论探讨以及详尽的数据分析，其写作格式也比期刊论文更为灵活。

书章的出版流程通常为编辑邀请特定作者为书籍撰写章节，或作者提交提案等待编辑的审查和接受。与期刊文章相似，书章也可被引用，但其引用格式有所差异。由于版权和出版周期的限制，书籍的在线获取可能不如期刊文章方便。此外，书籍的出版周期较长，更新频率较低，不如期刊文章那样及时。

2. 学术专著（academic monograph 或 scholarly monograph）

学术专著是由一位或多位作者合作撰写的，它们对特定的科学主题进行深入的分析与讨论。这些专著在内容上展现出高度的原创性与创新性，包含了历史背景、理论框架、研究方法、数据分析和未来研究方向等多个层面，旨在为研究人员提供全面的研究概述或对特定主题的深入探究。专著中的新理论、新观点或新成果，对学科的发展起到了重要的推动作用。这些观点、理论、研究成果通常是作者个人的贡献，带有鲜明的个人特色。专著倾向于集中在一个狭窄而深入的领域，追求理论或研究的深度。这类作品通常篇幅较长，包含数百页的详细内容，作者往往是所讨论主题的权威专家。

在学术界，专著享有较高的权威性，其目标读者群体包括研究人员、学者、研究生和专业人员。学术专著的作者负责整本书的构思、研究、写作和整理，确保内容的连贯性和一致性。作者通常对书中的学术观点和研究成果负主要责任，其学术贡献清晰明确。学术专著可能是作者学术生涯中的重要成就，对于职称评定和学术评价等方面具有重要意义。

专著的出版周期较长，可能需要数年时间来完成。更新周期也较长，可能几年才更新一次，甚至可能不再更新。与期刊文章一样，专著也可以被引用，但引用格式有所不同。此外，专著可能不如期刊论文那样容易在线获取，这可能是由于版权和出版周期的影响。

3. 学术编著（academic edited book 或 scholarly edited book）

学术编著是由一位或几位编辑牵头，组织多位作者合作撰写的学术作品。这类著作通常旨在全面展示某一学术领域内的多元化研究成果，覆盖范围广泛，目的在于综合呈现该领域的最新进展或不同学者的多元观点。与专著相比，编著更侧重于广度而非单一深度，展现了集体智慧，是学术界对特定主题的集体探讨和贡献。

学术编著的各章节通常由不同的专家撰写，内容主要展示的是不同作者的观点和研究成果。因此，编著往往包含较多的综述性或整合性工作，其原创性可能不如专著那样集中。在编著的编写过程中，编辑负责确定书籍的主题和结构，邀请不同的作者撰写各个章节，然后对整本书进行整合和编辑。各个章节的作者通常独立工作，贡献自己的专业知识和研究成果。因此，学术贡献分布在各个章节的作者之间，而编辑则负责确保整本书的质量和一致性，但不对每个章节的内容直接负责。

4. 会议论文（conference paper）

会议论文通常篇幅较短，更注重简洁明了地呈现研究内容，格式遵循会议主办方的具体要求，它们通常报告最新的研究成果，包括尚未完成的部分研究内容或初步发现，旨在加强研究人员的口头报告和面对面交流。目标读者主要是参加会议的研究人员、学者和专业人士，他们对该领域的研究动态和最新进展感兴趣。

会议论文的发表周期通常较短，因此有利于快速地将研究成果公之于众。但是，并非所有会议论文都经过同行评审，即使有评审，其严格程度也不如期刊论文的审稿过程，因此质量可能有限。会议论文通常被收录在会议论文集中，以印刷品形式或电子形式发布，有时也会被索引和引用。

会议结束后，作者可以将研究成果扩展成完整的期刊论文发表。需要注意的是，有些期刊认为会议论文是已经发表的工作，因此可能丧失了新颖性。尽管如此，会议论文促进了知识的快速传播和思想交流，其学术贡献不容忽视。

附录：

组织学生分组讨论各种论文形式的优缺点和写作方式的区别，各个小组代表发言。

第十五章　研究生学位论文

学位论文是研究生在学习过程中必须完成的一项重要任务，它既是研究生教育的重要组成部分，也是研究生学术水平和研究能力的重要体现。研究生学位论文的撰写离不开导师的指导和帮助。通过撰写学位论文，研究生可以系统地总结所学知识，锻炼研究能力，为未来的学术研究和职业生涯奠定基础。

第一节　学位论文的组成部分

1. 研究目的

学位论文应清晰地阐述研究的目的和研究问题，并揭示研究的学术价值和实践意义，以帮助读者理解研究的核心内容和预期的成果，这些内容不仅体现了研究生的专业素养和学术兴趣，也体现了研究的方向和深度。

2. 文献综述

文献综述是研究生学位论文不可或缺的部分，通过梳理和分析相关文献，研究生展示研究的学术背景和前人研究的现状，并提出新的研究思路、方法或观点，这有助于读者理解研究的创新点和研究的必要性。

3. 研究方法

研究方法部分应详细介绍研究生在研究过程中所采用的实验设计、数据收集和分析方法等，这部分内容应具有科学性和严谨性，以体现研究过程的可重复性和可靠性。

4. 结果与讨论

结果与讨论部分是论文的核心，应客观、准确地展示研究数据和实验结果，深入分析研究结果，阐述研究意义，并与前人研究进行对比，提出可能的解释和理论，以及研究的价值和局限性。

5. 结论

结论部分应概括研究的主要发现，指出研究的创新点和局限性，为后续研究提供建议，结论部分应表达明确，具有说服力，使读者对研究结果有清晰的认识。

初稿完成后，研究生需在导师的指导下对论文进行多次修改，并接受校内审核、外部审核或专家评审，以确保论文的质量和学术水平。

第二节　学位论文与期刊科研论文的区别

在研究领域，研究生完成的学位论文通常被称为“大论文”，而期刊上发表的论文则被称为“小论文”。一个大论文可以包含多个相互关联的小论文的内容，它们在格式上有一定的共通性，但同时也存在显著的差异。表 15-1 是对两种论文形式在各个方面的总结。

表 15-1 学位论文与期刊论文的区别

比较项	大论文	小论文
目的	为了完成学业要求，证明研究生的学术能力和研究成果	将研究结果发表，旨在促进学术交流和知识传播
目标读者	导师、答辩委员会、在校学生	整个学术界
篇幅和结构	较长，可能超过 100 页，包含详细的研究背景、文献综述、方法论、结果和讨论	较短，通常不超过 20 页，遵循严格的结构，包括摘要、引言、方法、结果和讨论等
审查和发表	由导师、外审专家和答辩委员会评审，通过答辩后即可定稿	需要经过严格的同行评审，只有质量、原创性和重要性通过评审之后才能发表
影响和价值	对学术界的影响较小，主要是针对研究生的培训、获得学位和就业	可能会引起领域内的广泛关注，对作者的学术声誉和职业发展有重要影响
标准和质量要求	通常由学校或学院设定，重点在于考评学生的研究能力和学术水平	由期刊的声誉和影响力决定，需要符合严格的学术标准
公开性和可访问性	通常只在校内发布，公开性有限	一旦发表，可被全球学者和研究人员检索、阅读，因此具有更广泛的公开性和可获取性

第三节　硕士学位论文与博士学位论文的区别

硕士学位论文和博士学位论文在内容和形式上存在一些相同点，它们都需要符合学术规范，两者都应包含研究目的、文献综述、研究方法、结果与讨论、结论等部分，两者都要求具有原创性，对研究领域有所贡献，能够推动学术进步。在撰写过程中，硕士研究生和博士研究生都需要遵循导师的指导，而且在完成初稿后，都需要经过评审和答辩，以确保论文的学术水平和研究质量。

然而，硕士学位论文和博士学位论文在研究的深度和广度、论文篇幅、创新性、研究方法、学术价值等方面上有很大的区别，表 15-2 总结了两种论文在各个方面的不同之处。

表 15-2　硕士学位论文与博士学位论文的区别

比较项	硕士学位论文	博士学位论文
学术层级和目标	旨在展示学生对某一特定领域的理解，以及进行独立研究的能力。更多地关注实际应用和解决问题	除了展示对某一领域的深入理解外，还要对现有知识有重大贡献，如提出新的理论、方法或观点。重在培养学生的研究能力和创新思维
研究深度和范围	研究范围相对较窄，重点关注某一具体问题或应用。在导师指导下，学生需要开发对研究问题的清晰认识和解决方案	研究范围更广泛，需要对相关领域进行全面的文献综述，并提出创新性的研究问题。要求学生对研究问题有深入的探索，可能会涉及多个子课题
篇幅和结构	较短，可能不超过 100 页。结构相对简单，包括引言、文献综述、方法、结果和讨论等	较长，往往超过 100 页。结构更为复杂，包括多个章节，如引言、文献综述、理论框架、方法论、结果、讨论和结论等
创新和原创性	对创新性要求相对较低，重点在于展示学生的研究能力和解决实际问题的能力。可能是基于现有研究的应用或改进	要求有明显的原创性贡献，包括新的理论、方法或重要的实证研究结果。需要学生展示对所研究领域的深入理解和创新能力
评审标准	通常由导师和答辩委员会进行评审，通过答辩后即可获得硕士学位	除了答辩外，还要通过严格的外审，由相关领域专家对论文质量、原创性和重要性进行评估
发表和公开性	通常只在校内发布，公开性有限	一些学校要求博士学位论文公开出版，以促进学术交流和知识传播

第四节　常用的学位论文提纲

一　硕士学位论文

1. 封面

- 论文题目
- 作者姓名
- 指导教师姓名
- 所属学院和专业
- 提交日期

2. 摘要

- 简要概述研究背景、目的、方法和主要结果。

3. 关键词

- 列出与研究主题相关的关键词。

4. 目录

- 列出论文各章节的标题和页码。

5. 引言

- 研究背景：介绍研究领域的背景和现状。
- 研究目的：明确研究的目的和重要性。
- 研究问题：提出研究问题或假设。
- 研究目标和范围：概述研究目标和范围。

6. 文献综述

- 回顾和分析相关领域的现有研究和理论。
- 指出研究领域的空白和本研究的贡献。

7. 研究方法

- 研究设计：描述研究设计、样本选择和数据收集方法。
- 数据分析：介绍数据分析方法和工具。
- 研究局限性：讨论研究方法的局限性和可能的偏差。

8. 结果（常分为 2～3 个相互关联的章节）

- 数据分析和结果展示。
- 使用图表、表格和文字的形式清晰地呈现研究结果。

9. 讨论

- 解释结果的意义和重要性。
- 比较不同的研究结果，指出研究中的差距和争议。
- 对结果进行综合和概括。

10. 结论

- 总结主要发现和观点。
- 指出研究的局限性和未来研究方向。

11. 参考文献

- 列出论文中引用的所有文献。

12. 附录

- 包括研究过程中使用的问卷、访谈提纲、数据表格等。

二 博士学位论文

1. 封面

- 论文题目
- 作者姓名
- 指导教师姓名
- 所属学院和专业
- 提交日期

2. 摘要

- 简要概述研究背景、目的、方法和主要结果。

3. 关键词

- 列出与研究主题相关的关键词。

4. 目录

- 列出论文各章节的标题和页码。

5. 引言

- 研究背景：介绍研究领域的背景和现状。
- 研究目的：明确研究的目的和重要性。
- 研究问题：提出研究问题或假设。
- 研究目标和范围：概述研究目标和范围。

6. 文献综述

- 回顾和分析相关领域的现有研究和理论。
- 指出研究领域的空白和本研究的贡献。

7. 理论框架

- 构建理论框架，包括相关理论和概念。
- 阐述理论框架在研究中的应用和指导作用。

8. 研究方法

- 研究设计：描述研究设计、样本选择和数据收集方法。
- 数据分析：介绍数据分析方法和工具。
- 研究局限性：讨论研究方法的局限性和可能的偏差。

9. 研究结果（常分为3～4个相互关联的章节）

- 数据分析和结果展示。
- 使用图表、表格和文字的形式清晰地呈现研究结果。

10. 结果讨论

- 解释结果的意义和重要性。
- 比较不同的研究结果，指出研究中的差距和争议。
- 对结果进行综合和概括。

11. 理论贡献

- 阐述本研究对理论的贡献，包括新理论、新模型或新观点。

12. 实践意义

- 探讨研究结果在实际应用中的可能影响和价值。

13. 结论

- 总结主要发现和观点。
- 指出研究的局限性和未来研究方向。

14. 参考文献

- 列出论文中引用的所有文献。

15. 附录

- 包括研究过程中使用的问卷、访谈提纲、数据表格等。

注意，有些博士学位论文和硕士学位论文将引言和文献综述合并成绪论部分，按照研究背景、文献综述、研究目的、研究问题、研究目标、创新点和范围的顺序来介绍。有些论文也在绪论的最后介绍后续各个章节的内容。

第五节 概念框架

在文献综述之后，研究方法之前，可以用概念框架（conceptual framework）来定义和解释研究中的关键概念和变量，这在社会科学和行为科学领域尤为常见，也出现于理科研究生的学位论文中，目的是提供一个清晰的理论框架，帮助读者理解研究的问题、目的和方法。它不仅有助于研究者明确研究的焦点，也有助于读者理解研究的理论基础和逻辑结构。概念框架通常包括以下几个部分。

（1）关键概念：列出研究中涉及的主要概念，并简要描述它们的含义和范围。

（2）变量：定义研究中使用的关键变量，包括它们的操作定义和测量方法。

（3）概念之间的关系：展示这些变量之间的逻辑关系，包括它们是如何相互关联或相互作用的。

（4）理论基础：如果有的话，说明概念框架是基于哪些理论或理论观点。

（5）研究假设：根据概念框架，提出具体的假设或预测，这些假设将指导研究的设计和数据分析。

以下是一个概念框架的举例。

1. 关键概念

• 纳米复合材料：由纳米颗粒嵌入连续基体材料中形成的复合材料。

• 微观结构：纳米复合材料中纳米颗粒的分布、形状、大小和相互之间的连接方式。

• 机械性能：材料的抗拉强度、弹性模量、断裂韧性等。

2. 变量

• 纳米颗粒的尺寸：纳米颗粒的大小对材料的性能有显著影响。

• 纳米颗粒的分布：纳米颗粒在基体材料中的分布方式会影响材料的性能。

• 纳米颗粒与基体的界面结合：界面结合强度会影响纳米复合材料的性能。

3. 概念之间的关系

• 假设纳米颗粒的尺寸越小，分散越均匀，界面结合越强，材料的机械性能越好。

• 假设纳米颗粒的尺寸分布越均匀，材料的机械性能越稳定。

4. 理论基础

• 基于连续介质力学和细观力学的理论，解释纳米复合材料的性能与微观结构之间的关系。

5. 研究假设

• 假设纳米颗粒的尺寸和分布对纳米复合材料的机械性能有显著影响。

• 假设界面结合强度是影响纳米复合材料性能的关键因素。

第六节 概念框架的可视化

概念框架的可视化可以帮助读者更直观地理解研究中的概念、变量及其之间的关系。常见的可视化方法包括以下几种。

（1）概念图（concept map）：以研究中的关键概念作为节点，用线条连接，表示它们之间的关系，可以使用箭头或其他图形元素来表示因果关系、相关性或其他类型的关系。

（2）因果模型（causal model）：构建一个因果模型，显示变量之间的因果关系，使用方向箭头来表示因果方向，例如从“教育水平”指向“职业满意度”。

（3）网络图（network diagram）：使用网络图来展示概念和变量之间的复杂关系，节点表示概念或变量，边表示它们之间的关系。

（4）思维导图（mind map）：创建一个思维导图，以一个中心概念或问题开始，然后从这个中心概念扩展出相关的子概念或变量，使用分支和子分支来组织这些概念，并用连接线来表示它们之间的关系。

（5）表格（table）：列出研究中的关键概念和变量，并在旁边列出它们之间的关系，可以使用不同的表格布局来表示不同类型的关系，例如交叉表、矩阵等。

（6）流程图（flowchart）：构建流程图，展示概念和变量之间的逻辑顺序或流程，使用箭头来表示流程的方向，例如从“数据收集”到“数据分析”。

在可视化时，重要的是要确保图表清晰、易于理解，并且与论文中的文本内容相一致。此外，使用一致的颜色、符号和图标可以帮助读者更快速地识别和理解图表中的元素。

第七节　如何确保学位论文各研究章节既相互连接又各有侧重

要保持论文各个研究章节之间既相互连接又各有侧重，需要在论文撰写过程中精心规划和组织。第一，在开始撰写之前，要制订一个详细的论文大纲，明确每个章节的主题和目的。大纲应该反映论文的整体结构和逻辑顺序，确保章节之间有明确的联系和过渡。第二，要确保所有章节都围绕同一研究问题或主题展开，避免偏离主题。每个章节都应该为整体研究提供必要的支撑，形成一个完整的研究体系。第三，要突出各章节的核心内容，使每个章节都有明确的研究焦点，避免内容过于分散。突出每个章节的核心贡献，确保读者能够理解每个章节的重要性。第四，在章节之间使用过渡语句和段落，帮助读者理解章节之间的逻辑关系。确保每个章节都以对下一个章节有指导意义的结论或引言结束。第五，统一章节结构，虽然每个章节可以有不同的格式和结构，但最好保持统一的风格，如统一的标题格式、引用格式等，每个章节都包含必要的内容，如引言、方法、结果、讨论等。第六，进行章节间的交叉引用，引导读者从相关章节获取更多信息，确保引用准确无误，避免造成混淆。第七，完成初稿后，进行多次修改和润色，确保章节之间的连接自然流畅，检查语言表达、逻辑顺序和结构布局，确保每个章节都清晰、准确地传达研究内容。

附录：

组织学生分组讨论学位论文各个章节的特点和要求，小组代表上台发言。